Virtuelle Teams

Sonja App

Inhalt

Vorwort

Die modernen Medien haben die Arbeitswelt revolutioniert. Dadurch sind weltweit neue Formen der Zusammenarbeit entstanden, die von den Möglichkeiten des Internets geprägt sind. Es spielt aus technischer Sicht keine Rolle mehr, ob man mit Kollegen an einem Standort oder in Übersee zusammenarbeitet. Das hat große Auswirkungen auf die Arbeitskultur in Unternehmen. Führungsmethoden, die in konventionellen Teams gut funktionieren, können nicht 1:1 auf virtuelle Teams übertragen werden. Führungskräfte und Mitarbeiter sind daher gefordert, eine Vielzahl von Kompetenzen aufzubauen, um ihre Projekte zum Erfolg zu führen.

In diesem TaschenGuide erfahren Sie, wo die Chancen und Risiken der virtuellen Zusammenarbeit liegen und welchen Aspekten Sie bei der Führung eines virtuellen Teams besondere Aufmerksamkeit widmen sollten. Zahlreiche Praxisbeispiele, Checklisten und Übungen helfen Ihnen, den virtuellen Arbeitsalltag erfolgreich zu meistern.

Viel Spaß beim Lesen wünscht Ihnen

Sonja App

Ein Hinweis für Leserinnen: Wenn in diesem Buch die männliche Form von Personenbezeichnungen verwendet wird, geschieht dies allein aus Platzgründen und für einen besseren Lesefluss.

Virtuelle Teams versus Präsenzteams

Die neuen Medien haben die Teamarbeit rund um den Globus stark verändert. Innovative Formen der Zusammenarbeit sind entstanden.

In diesem Kapitel erfahren Sie,

- wie sich die Arbeitswelt durch das Web 2.0 verändert hat,
- welche Arten von virtuellen Teams es gibt,
- was sie von Präsenzteams unterscheidet und
- welche Herausforderungen das für Führungskräfte und Mitarbeiter mit sich bringt.

Virtuelle Arbeitswelten

Die Globalisierung und das Web 2.0 haben die Arbeitswelt revolutioniert. Das World Wide Web und alle daraus resultierenden Möglichkeiten sind fester Bestandteil unserer Arbeit geworden. Während früher alles vor Ort geregelt werden musste, schickt man heute eine E-Mail oder chattet mit den Kollegen in Übersee. Kollegen sind ganz weit weg, arbeiten jedoch sehr reell an einem Projekt mit, als säßen sie nebenan im Büro. Dank der neuen Kommunikationsmedien ist dies virtuelle Realität in vielen Unternehmen. In dieser Arbeitswelt 2.0 sind neue Formen der Zusammenarbeit entstanden.

Beispiel

 Katja Blau ist Managementberaterin in einem großen internationalen Beratungsunternehmen. Sie hat ihren Dienstsitz in München. In der Regel führt sie ihre Beratungsprojekte bei ihren Kunden vor Ort durch und ist in unterschiedlichen Städten Europas tätig. Parallel zu ihren Kundenprojekten arbeitet Katja Blau mit verschiedenen Kollegen aus aller Welt in einem virtuellen Innovationsteam. Das Ziel dieses Projekts ist es, neue Beratungsdienstleistungen für Global Player aus der Pharmaindustrie zu entwickeln. Um den entscheidenden Wettbewerbsvorsprung gegenüber Mitbewerbern zu erreichen, ist es erforderlich, dass das Beratungsunternehmen das gesamte über den Globus verteilte Pharma-Knowhow seines Unternehmens mobilisiert und in diesem virtuellen Projekt zusammenführt. So können auch Best Practices ausgetauscht werden. Das virtuelle Projektteam nutzt u.a. ein Wiki zur Projektdokumentation und führt in regelmäßigen Abständen Videokonferenzen und virtuelle Meetings durch.

Laut aktuellen Studien arbeiten bereits heute 30 % aller Angestellten und Freiberufler in solchen virtuellen Teams.

Dies ist jedoch erst der Anfang. In den kommenden Jahren wird die virtuelle Zusammenarbeit kontinuierlich zunehmen.

Wie weit ist Ihr Unternehmen von der Arbeitswelt 2.0 entfernt?

In welchem Stadium befindet sich Ihr Unternehmen? Sind Sie gerade erst dabei, sich mit dem Thema auseinanderzusetzen oder sind virtuelle Teams bereits feste Bestandteile in Ihrer Organisation? Der folgende Test verrät Ihnen, wie weit Ihr Unternehmen in puncto Arbeitswelt 2.0 ist.

Checkliste: Ist Ihr Unternehmen schon Teil der Arbeitswelt 2.0?

Trifft diese Aussage zu?	Ja	Nein
■ Ihr Unternehmen hat Niederlassungen an verschiedenen Standorten.		
■ Ihr Unternehmen vertreibt seine Produkte und Dienstleistungen an Kunden im In- und Ausland.		
■ Ihr Unternehmen hat viele verschiedene Lieferanten und Kooperationspartner aus dem In- und Ausland.		
■ Ihre Teamkollegen arbeiten an unterschiedlichen Standorten.		
■ Einige Ihrer Kollegen arbeiten ganz oder teilweise im Home Office.		

Trifft diese Aussage zu?	Ja	Nein
▪ Um Reisekosten zu sparen, initiieren Sie regelmäßig Telefonkonferenzen und Online-Meetings.		
▪ Sie interagieren mit Kunden und sonstigen Partnern häufig via E-Mail, Chat, Facebook, Twitter & Co.		
▪ Die offizielle Sprache in Ihrem Unternehmen ist Englisch, obwohl Sie in Deutschland arbeiten.		
▪ Ihr Unternehmen bietet seinen Mitarbeitern viele Kurse und Trainings auf einer E-Learning-Plattform an.		
▪ Das Intranet Ihres Unternehmens hat viele Social-Media-Features, wie z. B. ein Mitarbeiterblog und Diskussionsforen.		
▪ Es gibt ein Portfolio an Personalentwicklungsmaßnahmen für virtuelle Teams.		
▪ In Ihrem Unternehmen gibt es Best Practices für die virtuelle Teamarbeit.		

Lösung

▪ **Sie haben 0 bis 4 Fragen mit „Ja" beantwortet:**
Ihr Unternehmen befindet sich noch am Anfang einer spannenden Entwicklung. Wahrscheinlich arbeiten die meisten Mitarbeiter in Ihrer Firma noch in Präsenzteams. Eventuell haben Sie im privaten Umfeld schon Erfahrungen

mit Social Media gesammelt, die sich in die Arbeitswelt übertragen lassen. Wenn Sie den Anschluss an zukünftige Entwicklungen im Arbeitsmarkt nicht verpassen wollen, sollten Sie sukzessive Kompetenzen in den Bereichen Web 2.0, Fremdsprachen und Interkulturalität aufbauen und auch Ihren Mitarbeitern entsprechende Personalentwicklungsmaßnahmen anbieten. Dieser TaschenGuide gibt Ihnen einen Überblick über die Arbeitswelt 2.0 sowie über die Kompetenzen, die Führungskräfte und Mitarbeiter zukünftig benötigen.

- **Sie haben 5 bis 8 Fragen mit „Ja" beantwortet:**
  Sie haben die Zeichen der Zeit erkannt und bereits erste Initiativen in Richtung Arbeitswelt 2.0 gestartet. Ihr Unternehmen nimmt darin zwar keine Vorreiterrolle ein, Sie wissen jedoch, welches Knowhow in Zukunft eine Rolle spielt und wo der Trend hingeht. Dokumentieren Sie Ihre ersten Erfahrungen mit virtuellen Teams sorgfältig und etablieren Sie ein unternehmensweites Wissensmanagement, sodass auch zukünftige Führungskräfte virtueller Teams von den Erkenntnissen der Pioniere in Ihrem Unternehmen profitieren.

- **Sie haben 9 bis 12 Fragen mit „Ja" beantwortet:**
  Herzlichen Glückwunsch, Ihr Unternehmen ist bereits in der Arbeitswelt 2.0 angekommen! Sie haben nicht nur die Zeichen der Zeit früher erkannt als andere, sondern nehmen bereits eine Vorreiterrolle ein. Wahrscheinlich geben Sie Ihre vielfältigen Erfahrungen mit virtuellen Teams in Form von Best Practices und Vorträgen bereits an andere Unternehmen weiter.

Wie das Web 2.0 Strukturen in Unternehmen verändert

Auch ohne bewusst initiierte Maßnahmen verändern sich Strukturen und Prozesse in Unternehmen kontinuierlich. Das Web 2.0 und die damit verbundenen neuen Möglichkeiten der Kommunikation haben großen Einfluss auf Rollen, Prozesse und Projekte in Unternehmen.

Beispiel

In den 1990er Jahren haben nur wenige Spezialisten im Unternehmen Content für die Firmen-Websites und das Intranet erstellt. Anhand der Rollen- und Rechte-Konzepte der Content-Management-Systeme war klar geregelt, wer in welchem Bereich einer Website Schreibrechte hat und wer die betreffenden Artikel freigeben darf. Durch die Funktionalitäten, die das Web 2.0 bietet, haben sich diese Prozesse grundlegend verändert. Mittlerweile ist es so, dass theoretisch alle Mitarbeiter im Web Artikel über ihr Unternehmen – z.B. in den diversen Social Media – veröffentlichen können. Zudem haben bereits einige Unternehmen Intranets mit Social-Media-Features im Einsatz. Daher können Mitarbeiter Texte im Intranet nicht nur lesen, sondern auch kommentieren oder sich am Firmenblog beteiligen. Das Web ist von einem Spezialisten-Web zu einem Mitmach-Web für alle geworden.

Dies führt dazu, dass das Wissen im Unternehmen, das früher nur einen kleinen Kreis erreicht hat, nun für viele zugänglich ist. Zudem verschwimmen die Hierarchien in Unternehmen immer mehr. Durch informelle Kommunikationskanäle via E-Mail oder Chat kann theoretisch jeder jeden im Unternehmen kontaktieren, ohne den Umweg über das Vorzimmer machen zu müssen. Hinzu kommt, dass globale Mitarbeiterdatenbanken, die ausführliche Profile aller Mitarbeiter mit deren spezifischen Kenntnissen und Erfahrungen enthalten, dazu beitragen, dass innerhalb von kurzer Zeit globale virtuelle Expertenteams zusammengestellt werden können. Dadurch wird ein zeit- und raumunabhängiges Arbeiten möglich.

Wie das Web 2.0 Ihre Arbeitswelt beeinflusst

Die neuen virtuellen Arbeitswelten führen dazu, dass Sie gleichzeitig verschiedene Rollen im Unternehmen wahrnehmen können. Sie können z.B. eine Rolle als Führungskraft in einem Präsenzteam innehaben und gleichzeitig Teammitglied in einem virtuellen Projekt sein.

Beispiel

 Katja Blau, die Managementberaterin, die Sie bereits kennengelernt haben, ist in Kundenprojekten als Projektleiterin tätig und gleichzeitig Teammitglied in einem globalen virtuellen Innovationsteam in ihrem Unternehmen.

Diese Rollenvielfalt bringt folgende Herausforderungen mit sich:

- Sie müssen allen Rollen im Unternehmen in adäquater Form gerecht werden.
- Sie benötigen ein ausgefeiltes Zeitmanagement, um all Ihre Aufgaben pünktlich zu erledigen.
- Sie müssen sich eventuell überlegen, wie Sie einen Teil Ihrer Linienaufgaben an andere delegieren können, um mehr Zeit für Ihre neuen virtuellen Projekte zu haben.

- Sie arbeiten mit verschiedenen Kollegen aus dem In- und Ausland zusammen und müssen sich auf deren Arbeits- und Kommunikationsstile einstellen.

- In internationalen Teams wird meist Englisch als gemeinsame Projektsprache gewählt: Sie müssen eventuell Ihre Englischkenntnisse optimieren.

- Sie benötigen eine hohe Medienkompetenz.

Wer mit Kollegen vor Ort in einem Projekt arbeitet und gleichzeitig Teammitglied eines virtuellen Teams ist, läuft häufig Gefahr, den Aufgaben vor Ort den Vorrang zu geben. Denn die Kollegen im Büro nebenan sind „präsenter" als die Kollegen in Übersee.

> Fragen Sie sich immer vor der Erledigung Ihrer Aufgaben: Was ist dringend und was ist wichtig? Und setzen Sie Ihre Prioritäten gemäß den Erfordernissen in Ihren Projekten – unabhängig davon, wie weit die Teamkollegen von Ihnen entfernt sind.

Arten von virtuellen Teams

Es gibt viele Formen virtueller Zusammenarbeit. Der gemeinsame Nenner all dieser Teams liegt darin, dass ihre Mitglieder an unterschiedlichen Standorten arbeiten und moderne Medien und Social Software für die Interaktion mit den übrigen Teammitgliedern einsetzen.

Beispiel

 Unter Social Software versteht man eine spezielle Art von Software, die es den Nutzern erlaubt, miteinander zu interagieren – ähnlich wie es z. B. die Nutzer in öffentlichen Social Media wie

Facebook, XING, Twitter & Co. machen. Diese Art von Software können Unternehmen ihren virtuellen Teams auch intern zur Kommunikation zur Verfügung stellen. Sie können dann z.B. Blogs, Wikis und Foren einrichten, das Projekt dadurch dokumentieren und zugleich miteinander kommunizieren.

Beispiele für virtuelle Zusammenarbeit

Im Folgenden erhalten Sie einen Überblick über die wichtigsten Arten virtueller Zusammenarbeit sowie deren Vor- und Nachteile.

Eine Abteilung – verschiedene Standorte

Die Mitarbeiter von großen und mittelständischen Unternehmen sind oft an unterschiedlichen Standorten ansässig und arbeiten mit ihren Abteilungskollegen häufig dauerhaft virtuell zusammen. Der Teamleiter ist auch Vorgesetzter der Teammitglieder.

Beispiel

Tamara Schumacher ist als Managementberaterin im Competence Center Financial Services in einem großen Beratungsunternehmen in Berlin tätig. Ihr Vorgesetzter, Markus Kaiser, hat seinen Dienstsitz in Hamburg. Weitere Mitarbeiter des Competence Centers haben ihre Dienstsitze in München, Frankfurt und Köln. Sie arbeiten europaweit und verbringen die meiste Arbeitszeit in ihren Beratungsprojekten vor Ort in Kundenunternehmen. Zweimal im Jahr veranstaltet Markus Kaiser ein Meeting, bei dem sich die Mitarbeiter seiner Abteilung persönlich treffen. Zudem versucht er, die jährlichen Beurteilungsgespräche mit seinen Mitarbeitern persönlich zu führen. Ansonsten kommunizieren die Mitarbeiter des Competence Centers mit ihrem Vorgesetzten und ihren Abteilungskollegen virtuell, sofern sie nicht im selben Projekt vor Ort beim Kunden sind.

Eine Abteilung – verschiedene Standorte: Chancen und Risiken	
Chancen	▪ Dienstsitz in gewünschter Stadt möglich
	▪ Hohe zeitliche Autonomie der Mitarbeiter
Risiken	▪ Wenig Interaktion zwischen Mitarbeitern und Vorgesetztem
	▪ Leistungsbeurteilung erschwert

Mitarbeiter im Home Office

Es gibt zahlreiche Gründe, warum Mitarbeiter teilweise oder ganz in ihrem Home Office arbeiten möchten. Häufig spielt dabei die Vereinbarkeit von Beruf und Familie eine große Rolle. Heutzutage haben viele Mitarbeiter in ihrem Home Office die gleiche technische Ausstattung wie ihre Kollegen in der Unternehmenszentrale. In einem virtuellen Team macht es daher keinen Unterschied mehr, ob ein Kollege von seinem Firmenbüro oder von seinem Home Office aus an der Telefonkonferenz eines globalen Teams teilnimmt.

Beispiel

Michael Schwarz ist Programmierer in einem großen IT-Unternehmen und arbeitet mit verschiedenen Kollegen aus aller Welt in einem großen Software-Entwicklungsprojekt zusammen. Er ist verheiratet und Vater von zwei Kindern im Alter von drei und fünf Jahren. Seine Frau ist Bereichsleiterin in einem Chemiekonzern und ist häufig auf Dienstreisen. Um möglichst viel Zeit mit seinen Kindern zu verbringen und seine Frau zu entlasten, arbeitet Michael Schwarz seit mehreren Jahren vier Tage pro Woche im Home Office und sieht seine Kollegen nur noch jeden zweiten Freitag beim Abteilungsmeeting persönlich.

Home Office: Chancen und Risiken	
Chancen	■ Oft relativ freie Einteilung der Arbeitszeiten
	■ Keine/weniger Fahrzeiten und damit mehr Freizeit
Risiken	■ Geringe „Sichtbarkeit" der Leistung der abwesenden Mitarbeiter
	■ Gefahr der Isolation im Home Office

Virtuelle Projektarbeit innerhalb eines Unternehmens

Sehr häufig arbeiten Mitarbeiter aus unterschiedlichen Abteilungen innerhalb eines Unternehmens in einem virtuellen Team zusammen. Insbesondere bei multinationalen Unternehmen ist diese Art der Zusammenarbeit bereits heute Alltag. In der Regel hat der Projektleiter dabei keine Personalverantwortung für die Teammitglieder.

Beispiel

Victoria Mayer hat ihren Dienstsitz in München und ist in einem internationalen Konzern für die E-Business-Aktivitäten in Deutschland verantwortlich. Um die weltweiten E-Business-Aktivitäten zu konsolidieren, wurde ein globales Projekt in ihrem Konzern aufgesetzt. Victoria Mayer leitet dieses internationale E-Business-Projekt. Sie berichtet an die Geschäftsleitung in Deutschland. Ihre Teammitglieder sind die E-Business-Manager der einzelnen Länder. Diese sind zugleich wiederum Linienvorgesetzte der E-Business-Teams auf lokaler Ebene.

Virtuelle Projektarbeit im Unternehmen: Chancen und Risiken	
Chancen	▪ Geringe Reisekosten, Kostenersparnis für das Unternehmen ▪ Nutzung von Synergien und Knowhow über Ländergrenzen hinweg
Risiken	▪ Sprachliche und interkulturelle Missverständnisse ▪ Interessenskonflikte zwischen Linien- und Projektaufgaben

Virtuelle Projektarbeit mit externen Partnern

Virtuelle Teams bestehen immer öfter aus Mitgliedern, die aus unterschiedlichen Unternehmen stammen. Meist handelt es sich dabei um Teams, die zeitlich befristet zusammenarbeiten und eine ganz konkrete Projektaufgabe lösen.

Beispiel

 Ein italienischer Hersteller von Gesellschaftsspielen möchte seine Produkte in den deutschen Markt einführen. Aus diesem Grund beauftragt er eine deutsche Unternehmensberatung, die auch eine Niederlassung in Italien hat. Die Produkte werden in China produziert. Neben der deutsch-italienischen Unternehmensberatung, die den Spielehersteller berät, sind noch viele andere Partner, wie z.B. Übersetzungsbüros, Werbe- und PR-Agenturen sowie diverse Vertriebspartner und ein Betreiber einer großen Online-Plattform in das Projekt involviert. Die Projektbeteiligten haben ihre Büros in diversen Städten in Deutschland, Italien und China. Der Vertriebsleiter des italienischen Herstellers steuert dieses Projekt von Rom aus.

Virtuelle Projektarbeit mit Externen: Chancen und Risiken	
Chancen	■ Geringere Reisekosten, Kostenersparnis durch die Zusammenarbeit mit Partnern aus diversen Ländern und die kostengünstige Produktion im Ausland
	■ Zügige Erschließung neuer Märkte mit diversen in- und ausländischen Partnern, länderspezifische Anpassung von Produkten und Dienstleistungen durch Nutzung von Insider-Knowhow in fremden Märkten
Risiken	■ Sehr hohe Komplexität beim Projektmanagement, Koordinationsprobleme sowie sprachliche und interkulturelle Missverständnisse
	■ Unterschiedliche technische Rahmenbedingungen der involvierten Partner und daraus resultierend Kommunikationsprobleme

Virtuelle Services

Der Trend zum Outsourcing bestimmter Dienstleistungen und Funktionen im Unternehmen bringt es mit sich, dass bestimmte Services von externen Dienstleistern auf virtuellem Weg erledigt werden statt wie früher von eigenen Abteilungen des Unternehmens.

Beispiel

 Aus Kostengründen hat ein großes Versicherungsunternehmen einen erheblichen Teil seiner IT outgesourced und mit einem externen Dienstleistungsunternehmen einen Servicevertrag abgeschlossen. Dies hat zur Folge, dass die Mitarbeiter des Versicherungsunternehmens eine zentrale Hotline anrufen müssen, wenn sie PC-Probleme haben. Interne Service-Mitarbeiter gibt es nicht mehr. Ein externer Service-Mitarbeiter versucht telefonisch, das Problem zu lösen und konfiguriert ggf. den Rechner des Mitarbeiters mit Hilfe von Application Sharing – einer Software, mit welcher der Service-Mitarbeiter auf den Rechner des Kunden (nach dessen Zustimmung) zugreifen kann – neu. Nur in Ausnahmefällen sind die Mitarbeiter des externen Dienstleisters direkt vor Ort bei ihren Kunden tätig, um IT-Probleme zu beheben.

Virtuelle Services: Chancen und Risiken

Chancen	■ Kostenersparnis: Senkung der Investitionskosten für Hard- und Software und geringere Kosten für IT-Schulungen der eigenen Mitarbeiter
	■ Zahlreiche Risiken werden auf Externe übertragen. Der Dienstleister muss z. B. seinem Kunden Schadenersatz zahlen, wenn sog. Service Level Agreements nicht eingehalten werden.
Risiken	■ Aktive Mitarbeit des Kunden bei der Behebung des Problems erforderlich, Missverständnisse aufgrund der Kommunikation mit technischen Fachbegriffen möglich
	■ Lösung des Problems nicht immer virtuell möglich, dadurch eventuell Verzögerungen

Virtuelle Communities zu bestimmten Themengebieten

Heute gibt es im Internet und in Social Media eine große Anzahl von virtuellen Communities. Das sind Gemeinschaften, die sich online über unterschiedliche Themen austauschen. Sie haben teilweise viele Tausende von Mitgliedern. Häufig arbeiten auch die Moderatoren dieser oft internationalen Communities virtuell zusammen.

Beispiel

Sonja App, die Autorin dieses Buches, ist Initiatorin und Moderatorin einer großen, öffentlichen Gruppe zum Thema Diversity Management auf der Business-Plattform XING. Das Moderatorenteam der Gruppe besteht aus sechs Haupt- und Co-Moderatoren, die aus unterschiedlichen Ländern stammen und virtuell zusammenarbeiten. Sie tauschen sich meist in einem geschlossenen Moderatorenforum, per Telefon und E-Mail aus. Alle ein bis zwei Monate trifft sich das Moderatorenteam persönlich, um relevante Punkte für die Gruppe – wie z.B. Kooperationen und Events – zu besprechen. Die Gruppe hat mehrere tausend Mitglieder aus vielen verschiedenen Ländern. In deutschen, englischen und spanischen Foren können sich die Teilnehmer zu den Aspekten des Diversity Managements austauschen. Zudem veranstaltet das Moderatorenteam auf vielfachen Wunsch der Mitglieder regelmäßig Offline-Events. Es gibt sowohl einen Verhaltenskodex für das Moderatorenteam als auch eine Gruppen-Netiquette für alle Mitglieder.

Virtuelle Communities: Chancen und Risiken	
Chancen	▪ Internationaler Wissenstransfer und Austausch von Best Practices zu einem bestimmten Thema ▪ Länderübergreifendes Networking und schnelle Identifikation potenzieller Partner, Kunden, Dienstleister etc.
Risiken	▪ Je größer die Community, desto größer die Gefahr, dass sog. Trolle in der Community ihr Unwesen treiben und z. B. andere Mitglieder beleidigen oder provozieren ▪ Besondere Herausforderungen für Moderatoren öffentlicher Communities: Identifikation von Fake-Profilen, Deeskalation in hitzigen Diskussionen

E-Learning- und Blended-Learning-Communities

Auch im Bildungswesen haben virtuelle Communities schon vor einigen Jahren Einzug gehalten. Meist wird ein bestimmter Unterrichtsstoff in sog. „Blended Communities" vermittelt. Blended Learning ist eine Kombination aus E-Learning und Präsenzunterricht. Prüfungen finden oft nach wie vor face to face statt. Dozenten und Teilnehmer sowie Teilnehmer untereinander tauschen sich in der Regel mit Social Software – z. B. in Foren und Chaträumen – aus. Zudem stellen zahlreiche größere Firmen ihren Mitarbeitern Kurse und Trainings via E-Learning-Plattformen zur Verfügung, auf denen sie auch mit den Dozenten und Kollegen interagieren können.

Beispiel

Professor Max Worldtraveler bietet Menschen aus der ganzen Welt einen internationalen Postgraduate-Studiengang an seiner privaten Universität in den USA an, den diese neben ihrem Beruf absolvieren können. Die Vorlesungen des Professors und seiner Kollegen werden den Teilnehmern auf einer E-Learning-Plattform via Video zur Verfügung gestellt, so dass diese zeit- und ortsunabhängig lernen können. Auf dieser Plattform gibt es viele verschiedene Möglichkeiten zur Interaktion zwischen Studierenden und Professoren. Außerdem sind Foren für bestimmte Länder und Regionen eingerichtet, so dass die Teilnehmer eines Landes sich in einer Untergruppe austauschen können. Prüfungen müssen jedoch vor Ort in den USA absolviert werden.

E-Learning-Communities: Chancen und Risiken	
Chancen	■ Zeit- und ortsunabhängiges Lernen möglich
	■ Kostenersparnis insbesondere bei den Reisekosten und kein Verdienstausfall aufgrund von Weiterbildung (in der Regel ist parallel zur Weiterbildung eine volle Berufstätigkeit möglich)
Risiken	■ Sehr hoher Grad an Selbstmotivation erforderlich
	■ Verzögerte Klärung von Fragen und offenen Punkten bei Verständnisschwierigkeiten

Unterschiede zwischen virtuellen Teams und Präsenzteams

Viele Mitarbeiter sind zeitgleich Teil eines Präsenzteams und Teil eines virtuellen Teams und müssen sich mit beiden Arten der Zusammenarbeit arrangieren. Welches sind aber die entscheidenden Unterschiede zwischen Präsenzteams und virtuellen Teams? Das zeigt die folgende Übung mit einem Fall aus der Berufspraxis.

Übung: Die Unterschiede erkennen

Beispiel

 Rambo Ricardo ist E-Business Manager in einem internationalen Konzern in Madrid. Er ist für die E-Business-Aktivitäten seines Unternehmens in Spanien verantwortlich und Linienvorgesetzter von 15 Mitarbeitern, die vor Ort in Madrid sind. Er berichtet an die Geschäftsleitung in Spanien. Seit kurzem ist er zusätzlich Mitarbeiter eines internationalen Teams, das ein Projekt zur Konsolidierung der weltweiten E-Business-Aktivitäten des Konzerns durchführt. In dieser Rolle berichtet er an die Projektleiterin, Victoria Mayer, die ihren Dienstsitz in München hat. Die übrigen Mitglieder dieses internationalen Teams stammen aus mehr als 20 Ländern. Die Arbeitssprache ist Englisch. Alle zwei Wochen findet eine Telefonkonferenz statt, die Victoria Mayer moderiert. Die Projektunterlagen werden in einem speziellen Verzeichnis im Intranet abgelegt. Zudem nutzt das virtuelle Team eine Chat-Software und führt ein Projektblog.

Rambo Ricardo ist also zum einen Vorgesetzter eines 15-köpfigen Präsenzteams in Madrid und zum anderen Teammitglied eines internationalen virtuellen Teams.

Teil 1: Rolle als Vorgesetzter eines Präsenzteams

Versetzen Sie sich in die Rolle von Rambo Ricardo als Vorgesetzter des Präsenzteams in Madrid und beantworten Sie folgende Fragen:

1 Wie wählt er seine Mitarbeiter aus?

2 Wie häufig und zu welchen Uhrzeiten lädt er seine Mitarbeiter zu persönlichen Besprechungen ein?

3 In welcher Sprache kommuniziert er mit seinen Mitarbeitern?

4 Wie gut kennt er seine Mitarbeiter?

5 Wie gratuliert er einem Mitarbeiter zum Geburtstag?

6 Wo finden Abteilungsmeetings statt?

7 Wie sieht der Arbeitsrhythmus seines Teams aus?

8 Wie klärt er offene Punkte mit seinen Mitarbeitern?

9 Wie nimmt er Stimmungen im Team wahr?

Mögliche Antworten:

1 Rambo Ricardo arbeitet im Bereich Rekrutierung eng mit der Personalabteilung vor Ort in Madrid zusammen. Diese schaltet Stellenanzeigen in verschiedenen Internet-Portalen. Nach Sichtung der Online-Bewerbungen lädt er eine Reihe von in Frage kommenden Kandidaten zu einem oder mehreren Vorstellungsgesprächen ein.

2 In der Regel führt Rambo Ricardo alle zwei Wochen Abteilungsbesprechungen mittwochs um 12 Uhr durch.

Nach dem Meeting gegen ca. 14:30 Uhr geht sein Team gemeinsam zum Mittagessen.

3   Rambo Ricardo kommuniziert mit seinen Mitarbeitern auf Spanisch.

4   Er kennt seine Mitarbeiter sehr gut. Da sie mit ihm Tür an Tür arbeiten, bleibt auch regelmäßig Zeit für ein informelles Gespräch in der Kaffeeküche.

5   Er gratuliert seinen Mitarbeitern persönlich zum Geburtstag. Zudem gibt es meist eine kleine Feier in der Abteilung.

6   Rambo Ricardo trifft seine Mitarbeiter im Meeting-Raum des Unternehmens in Madrid.

7   Der Arbeitsrhythmus seines Teams sieht in der Regel wie folgt aus: Arbeitsbeginn um ca. 9 Uhr, Mittagspause zwischen 14:30 und 15:30 Uhr, Arbeitsende gegen 20 Uhr.

8   Detailfragen klärt Rambo Ricardo meist auf dem kleinen Dienstweg. Er sucht seine Mitarbeiter direkt in deren Büro auf und bespricht die Angelegenheit.

9   Da Rambo Ricardo mit seinen Mitarbeitern Tür an Tür arbeitet, ist es für ihn relativ einfach, Stimmungen wahrzunehmen. Wenn er seine Mitarbeiter auf dem Flur sieht, erkennt er oft schon an deren Gestik und Mimik und an ihren spontanen Kommentaren, wie die Stimmung in seinem Team ist und ob es jedem einzelnen gut geht oder nicht.

Teil 2: Rolle als Teammitglied eines virtuellen Teams

Versetzen Sie sich nun in die Rolle von Rambo Ricardo als Mitglied des internationalen virtuellen Teams und beantworten Sie die folgenden Fragen.

1   Warum wurde Rambo Ricardo als Teammitglied von der Projektleiterin ausgewählt?

2   Welche Kompetenzen muss er für die Arbeit in dem internationalen virtuellen Team mitbringen?

3   In welcher Sprache kommuniziert das Team?

4   Wie gut kennt er die Projektleiterin und die anderen Teammitglieder?

5   In welcher Form klärt er offene Punkte mit der Projektleiterin und seinen Teamkollegen?

6   Wie oft trifft sich das Team persönlich?

7   Wo finden persönliche Meetings statt?

8   Zu welchen Zeiten finden Telefonkonferenzen statt? Was ist dabei zu beachten?

9   Wie nimmt er Stimmungen im Team wahr?

Mögliche Antworten:

1   Da Rambo Ricardo für die E-Business-Aktivitäten in Spanien verantwortlich ist, ist er prädestiniert für das globale E-Business-Projektteam von Victoria Mayer. Als das Projekt aufgesetzt wird, ruft sie ihn an, um ihm darüber zu berichten.

2   Neben seinem fachlichen Knowhow im Bereich E-Business und den Kenntnissen des spanischen Markts benötigt er folgende Kompetenzen: Methodenkompetenz, Medien-, Führungs-, soziale Kompetenz, Diversity-Kompetenz, Kommunikations- und Persönlichkeitskompetenz (Details dazu im Kapitel „Besetzung von virtuellen Teams"). Zudem muss er die englische Sprache in Wort und Schrift sehr gut beherrschen.

3   Das globale Projektteam wählt Englisch als gemeinsame Projektsprache.

4   Rambo Ricardo hat Victoria Mayer bisher ein paar Mal persönlich getroffen. Einige von den anderen Teammitgliedern kennt er ebenfalls von zwei größeren, internationalen Meetings persönlich. Es gibt jedoch auch drei neue Kollegen im Team, die er bisher noch nicht persönlich kennengelernt hat.

5   Dem Projektteam stehen viele verschiedene Kommunikationsmittel zur Verfügung. Wenn er eine Frage hat, ruft er die betreffenden Kollegen an oder startet einen Chat.

6   Das Team trifft sich nur in größeren zeitlichen Abständen persönlich, z.B. zum Kick-off-Meeting, beim Erreichen größerer Milestones, zum Lessons-Learned-Workshop und zur Projektabschlussfeier.

7   Die persönlichen Meetings finden an verschiedenen Orten statt. Die Projektleiterin, Victoria Mayer, bringt vorab genau die potenziellen Reisekosten und -zeiten der Teammitglieder in Erfahrung und stimmt dann mit ihrem Team Orte und Termine für die persönlichen Treffen ab.

8 Da die Teammitglieder in verschiedenen Zeitzonen arbeiten, müssen diese bei der Terminierung stets berücksichtigt werden. Victoria Mayer wählt immer wieder andere Termine für Telefonkonferenzen, so dass alle Teammitglieder im Wechsel angenehme und unangenehme (z. B. früh morgens oder spät abends) Zeiten für Konferenzen haben.

9 Im Vergleich zu seinem Präsenzteam in Madrid ist es für Rambo Ricardo sehr schwierig, Stimmungen im Projektteam wahrzunehmen. Hinzu kommt, dass er die meisten Kollegen nicht gut kennt und sie daher nicht so gut einschätzen kann. Außerdem hört er bei den Telefonkonferenzen ja nur die Stimmen der Kollegen und sieht ihre Gestik und Mimik nicht. Er versucht zwar, Stimmungen im Team einzuschätzen, weiß aber oft nicht genau, ob er mit seiner Wahrnehmung tatsächlich richtig liegt. Zudem unterscheidet sich das Kommunikationsverhalten von Land zu Land. Die Small-Talk-Phase zu Beginn einer Telefonkonferenz ist z. B. in Spanien in der Regel deutlich länger als in Deutschland.

Diese Übung zeigt recht genau, worin die relevanten Unterschiede der beiden Arten von Teams liegen. Die Arbeitskultur in virtuellen Teams unterscheidet sich in vielen Punkten von der in Präsenzteams. Besteht das virtuelle Team aus Mitarbeitern, die aus unterschiedlichen Kulturen stammen und rund um den Globus verteilt sind, sind noch mehr Besonderheiten zu beachten.

Die wichtigsten Unterschiede zwischen virtuellen Teams und Präsenzteams

Merkmal	Virtuelle Teams	Präsenzteams
Dienstsitz der Teammitglieder	verschiedene Standorte	ein Standort
Projektsprache	oft Englisch als Lingua franca, d. h. Fremdsprache für viele Teammitglieder	meist Muttersprache der Teammitglieder
Zeitzonen	meist unterschiedliche Zeitzonen	eine Zeitzone
Kommunikation	E-Mail, Chats, Telefon- und Videokonferenzen, Intranet, wenig Präsenzmeetings	viele persönliche Gespräche, wenig E-Mails, Intranet
Wahrnehmung von Stimmungen	erschwert, da die Projektsprache für viele Teammitglieder eine Fremdsprache ist, sie aus unterschiedlichen Kulturen stammen und Gestik und Mimik bei manchen Kommunikationsmitteln fehlen	gut, weil sich die Mitglieder häufig persönlich treffen und oft aus demselben Kulturkreis stammen

Merkmal	Virtuelle Teams	Präsenzteams
Wichtige Kompetenzen	alle Kompetenzen von Präsenzteams und darüber hinaus noch stark ausgeprägte Kompetenzen in folgenden Bereichen: Auswahl und Umgang mit modernen Medien, Kommunikation, Diversity insbesondere im interkulturellen und interreligiösen Bereich	Fachkompetenz, Methodenkompetenz, Führungskompetenz, Persönlichkeitskompetenz, soziale Kompetenz

Herausforderungen für virtuelle Teams

Bis aus einer Gruppe ein erfolgreiches Team wird, muss jedes Team – unabhängig davon, ob es konventionell oder virtuell zusammenarbeitet – zahlreiche Klippen umschiffen. Für virtuelle Teams gilt es jedoch, zusätzliche Hürden zu nehmen.

Als Führungskraft sollten Sie sich hier vor Projektbeginn mit den folgenden Herausforderungen intensiv auseinandersetzen und adäquate Lösungswege suchen.

Auswahl der Mitarbeiter

Falls Sie bisher ausschließlich Präsenzteams geführt haben, haben Sie Ihre Teammitglieder in der Regel vorab persönlich kennengelernt und konnten ausführliche Vorgespräche mit ihnen führen. Bei einem internationalen virtuellen Team ist dies jedoch häufig aus Zeit- und Kostengründen nicht möglich. Oft erfolgt daher bereits die Auswahl der Teammitglieder ganz oder teilweise virtuell.

> Eine Knowledge-Datenbank, in der alle Mitarbeiter eines Unternehmens weltweit mit ihren Kenntnissen aufgelistet sind, ist insbesondere in Großunternehmen sehr hilfreich bei der Auswahl passender Mitarbeiter für ein internationales Projekt.

Kommunikation

Die Mitglieder von virtuellen Teams haben viele technische Möglichkeiten, mit ihren Kollegen zu kommunizieren, z.B. via E-Mail, Chat, Telefon- und Videokonferenzen. Ob das Kommunizierte aber beim anderen auch so ankommt, wie es gemeint war, ist der andere Aspekt der Kommunikation in globalen virtuellen Teams. Es gilt, neben der technischen Komponente auch die kulturellen Unterschiede und die sprachlichen Barrieren zu berücksichtigen.

Die Rolle der Medien

Wenn Sie ein virtuelles Team führen, benötigen Sie eine ausgeprägte Medienkompetenz. Zum einen ist es Ihre Aufgabe, sich vor Projektstart einen Überblick über die in Frage kommenden Medien zu verschaffen. Zum anderen sind Sie auch dafür verantwortlich, dass Ihre Teammitglieder über die erforderliche Medienkompetenz verfügen. Dazu gehört es, konstruktiv mit Widerständen gegen bestimmte Tools umzugehen und bei Bedarf Schulungen und Coachings anzubieten.

> Als Führungskraft eines virtuellen Teams sind Sie zugleich auch Social Media Manager. Sie müssen sich mit aktuellen Trends in der virtuellen Kommunikation sehr gut auskennen. Zudem sollten Sie mit allen Tools, die Sie im Projekt einsetzen möchten, **vor** dem Projekt bereits praktische Erfahrungen gesammelt haben.

Die Sprache

Wenn Sie ein internationales virtuelles Projekt leiten, wird in der Regel Englisch als sog. Lingua franca, das heißt als gemeinsame Projektsprache, gewählt. Als Führungskraft müssen Sie daher vor Projektbeginn klären, ob alle Teammitglieder über die erforderlichen Sprachkenntnisse – sowohl schriftlich als auch mündlich – verfügen. Oft genügt es nicht, wenn im Lebenslauf „gute" Fremdsprachenkenntnisse aufgeführt werden oder wenn man davon ausgeht, dass alle Führungskräfte in einem Unternehmen verhandlungssicheres Englisch sprechen.

Beispiel

> Ein amerikanisches Beratungsunternehmen übernimmt im Rahmen eines IT-Outsourcing-Projekts die IT-Mitarbeiter des Kundenunternehmens und setzt ein globales Transformationsprojekt auf. Die gemeinsame Projektsprache ist Englisch. Die Verantwortlichen im Beratungsunternehmen gehen davon aus, dass alle involvierten Führungskräfte beim Kunden sowie die ehemaligen IT-Mitarbeiter des Kunden, die in das Beratungsunternehmen integriert werden, verhandlungssicheres Englisch sprechen und die gesamte Projektdokumentation auf Englisch erstellt werden kann. Dies ist jedoch nicht der Fall. Dadurch kommt es zu Kommunikationsproblemen und Verzögerungen.

Prüfen Sie die Sprachkenntnisse von potenziellen Teammitgliedern vor Projektstart und bieten Sie ihnen bei Bedarf Crashkurse an.

Berücksichtigen Sie in diesem Zusammenhang jedoch auch die sprachlichen Differenzen zwischen amerikanischem Englisch und dem Englisch, das in Großbritannien gesprochen wird. Zahlreiche Wörter werden nicht nur unterschiedlich geschrieben, sondern auch ausgesprochen. Hinzu kommt, dass in diesen beiden Regionen für ein und dieselbe Sache manchmal vollkommen andere Wörter verwendet werden.

Beispiele für Unterschiede

Deutsch	British English	American English
Urlaub	holiday	vacation
Postleitzahl	postal code	zip code
Handy	mobile phone	cell phone

Manche Begriffe werden zwar in beiden Sprachregionen verwendet, haben aber eine unterschiedliche Bedeutung und ihre Verwendung kann daher zu Missverständnissen führen. Das Wort „pants" bedeutet im amerikanischen Englisch „Hose" und im britischen Englisch „Unterhose". Die Aussage „I like your pants" kann daher zu ungewollt komischen Situationen oder Irritationen bei Ihrem Gegenüber führen, sofern er aus Großbritannien kommt oder Ausländer ist und britisches Englisch gelernt hat.

Fehlen von nonverbalen Elementen in der Kommunikation

Eine besondere Herausforderung stellt die Tatsache dar, dass häufig nonverbale Elemente der Kommunikation wie Gestik und Mimik gänzlich fehlen – z. B. wenn per E-Mail kommuniziert wird oder bei Telefonkonferenzen. Insbesondere wenn die Teammitglieder in einer Fremdsprache kommunizieren, kommt es manchmal zu Missverständnissen.

> Sensibilisieren Sie Ihre Mitarbeiter vor Projektstart für die Besonderheiten der Kommunikation in einem virtuellen Team und bieten Sie ihnen bei Bedarf Trainings und Coachings an.

Arbeitskultur

Die Arbeitskultur in virtuellen Teams unterscheidet sich in vielen Punkten von der in Präsenzteams.

Aufbau von Vertrauen

Da sich die Teammitglieder in der Regel sehr selten sehen oder eventuell gar nicht persönlich kennen, ist der Aufbau von

Vertrauen sowohl zwischen Führungskraft und Team als auch zwischen den Teammitgliedern eine besondere Herausforderung. Aufgrund der räumlichen Distanz zwischen den Projektbeteiligten ist es sehr schwierig, Stimmungen wahrzunehmen und gezielt auf einzelne Mitarbeiter einzugehen.

Beispiel

Ralf Schuster leitet ein internationales virtuelles Team in einem Chemiekonzern. In einer Telefonkonferenz, an der mehrere Teammitglieder teilnehmen, fällt ihm auf, dass Marco Leone, sein Kollege aus Italien, recht einsilbig ist – was sehr untypisch für ihn ist. Ralf Schuster ruft ihn nach dem Ende der Telefonkonferenz an, um nachzufragen, wie es ihm geht. Marco Leone erzählt: „Mein Vater ist sehr krank. Ich kann mich deshalb zurzeit nur schwer auf die Arbeit konzentrieren. Das hat natürlich Folgen: Leider bin ich jetzt schon im Verzug mit einer Reihe von Aufgaben. All das wollte ich natürlich nicht in der Telefonkonferenz mit zehn Leuten zur Sprache bringen." Ralf Schuster ist dankbar für die Offenheit von Marco Leone und sucht mit ihm gemeinsam eine Lösung für die aktuelle Situation.

> Planen Sie ausreichend Zeit für die Beziehungspflege mit jedem einzelnen Teammitglied und regelmäßige One-to-One-Gespräche ein.

Interkulturelle Zusammenarbeit

Die Teammitglieder eines virtuellen Teams stammen oft aus vielen verschiedenen Ländern und sind rund um den Globus verteilt. Das bedeutet, dass sie unterschiedliche Muttersprachen, kulturelle Wurzeln und oft auch verschiedene Religionen haben. Diese Heterogenität ist für den Leiter eine große Herausforderung. Die interkulturelle Kompetenz ist daher eine Kernkompetenz in einem virtuellen Team, über die sowohl die Führungskraft als auch die Teammitglieder verfügen sollten.

Anderer Arbeitsrhythmus

Als Führungskraft eines internationalen virtuellen Teams müssen Sie stets auf Zeitverschiebungen bei der Planung von Telefonkonferenzen und Ähnlichem achten. Zudem beeinflussen lokale Feiertage, Schulferien, aber auch das Wetter sowie kulturelle und religiöse Besonderheiten den Arbeitsrhythmus Ihrer Kollegen im Ausland.

Beispiel

 Victoria Mayer führte in der Vergangenheit oft Telefonkonferenzen mit ihren Teamkollegen um 14:30 Uhr deutscher Zeit durch. Sie ging davon aus, dass diese Uhrzeit für alle Kollegen in Ordnung sei und wunderte sich, dass ihr spanischer Kollege, Rambo Ricardo, diesen Vorschlag mit wenig Begeisterung aufnahm. Erst als sie im Rahmen des Projekts zu einer Besprechung nach Madrid kam, fand sie heraus, warum ihr spanischer Kollege wenig erfreut über diesen Terminvorschlag war. Die spanische Niederlassung befand sich mitten in einem Industriegebiet, in dem es nur zwei Restaurants gab, die den Mitarbeitern der umliegenden Büros Mittagsmenüs anboten. Diese öffneten jedoch nur zur spanischen Mittagszeit zwischen 14:30 Uhr und 15:30 Uhr. Normalerweise ging der spanische Kollege mit seinem Team in die Mittagspause. Aufgrund der Telefonkonferenz war dies nun nicht möglich.

> Berücksichtigen Sie Zeitverschiebungen und sonstige länderspezifischen Besonderheiten wie z.B. lokale Feiertage und Schulferien in einzelnen Ländern bei Ihrer Projektplanung und beachten Sie den Arbeitsrhythmus Ihrer ausländischen Kollegen bei der Terminvereinbarung für Telefonkonferenzen und virtuelle Meetings.

Kulturelle Unterschiede in der Kommunikation

Je nach kulturellem Hintergrund unterscheidet sich der Kommunikationsstil Ihrer Teammitglieder erheblich voneinander.

Während Deutsche in der Regel recht direkt kommunizieren, ist dies bei Angehörigen zahlreicher anderer Kulturen nicht der Fall. Zudem ist es möglich, dass Ihre ausländischen Kollegen anderen Medien den Vorzug geben und z.B. vieles lieber telefonisch besprechen, als lange Abhandlungen per E-Mail zu schreiben. Diese unterschiedlichen Kommunikationsstile beeinflussen die Art der Zusammenarbeit erheblich.

Berücksichtigen Sie die kulturellen Unterschiede in der Zusammenarbeit in Ihrem Team und gehen Sie offen und tolerant mit fremden Ansichten und Arbeitsstilen um. Bieten Sie Ihrem Team bei Bedarf interkulturelle Trainings, Coachings oder Teambuilding-Maßnahmen an.

Auf einen Blick: Virtuelle Teams versus Präsenzteams

- Bereits heute arbeiten 30 % aller Angestellten und viele Freiberufler in virtuellen Teams. Diese Zahl wird in den kommenden Jahren kontinuierlich steigen.

- Virtuelle Teams zeichnen sich dadurch aus, dass ihre Mitglieder an unterschiedlichen Standorten arbeiten und moderne Medien und Social Software für die Interaktion einsetzen.

- Die virtuelle Zusammenarbeit und der Einsatz von Social Software verändern Strukturen und Prozesse im Unternehmen. Dadurch verschwimmen oft Hierarchien.

- Die Teammitglieder sehen sich selten oder gar nicht und kommen häufig aus unterschiedlichen Ländern und Kulturen. Deshalb müssen sie kulturell, sprachlich, räumlich und zeitlich bedingte Hürden der Zusammenarbeit meistern.

Besetzung von virtuellen Teams

Ob ein Team auf Distanz harmonisch zusammenarbeitet und die ihm gesteckten Ziele erreicht, hängt maßgeblich von seiner Zusammensetzung ab.

In diesem Kapitel lesen Sie,

- wie Sie ein virtuelles Team zusammenstellen,
- welche Kompetenzen Führungskräfte benötigen,
- welche Qualifikationen und Soft Skills Mitarbeiter mitbringen sollten und
- welchen Mehrwert heterogene Teams haben.

Wie Sie ein Team zusammenstellen

Bevor es an den Start geht, um ein bestimmtes Projekt auszuführen, gibt es in der Regel schon eine ganze Menge Vorüberlegungen zu einem Thema oder einige Personen im Unternehmen haben den berühmten Stein ins Rollen gebracht.

Beispiel

 Das Topmanagement eines Konzerns der Konsumgüterindustrie trifft sich zu einem Meeting in Frankfurt, um über die Marketing- und Vertriebsstrategien auf internationaler Ebene zu diskutieren. Dabei geht es auch um den Status der Social-Media-Strategie. Marina Schnell ist Marketingvorstand im Konzern und schlägt vor, ein globales Social-Media-Projekt aufzusetzen, das von der Zentrale in Frankfurt gesteuert werden soll. Da sich die Rahmenbedingungen im Hinblick auf das Social Media Marketing in den einzelnen Regionen unterscheiden, soll es neben dem Gesamtprojektleiter in jedem Land einen Teilprojektleiter Social Media geben, der für die Anpassung der Social-Media-Strategie an lokale Gegebenheiten verantwortlich ist. Die Festlegung dieser Rahmenbedingungen durch das Topmanagement hat bereits Auswirkungen auf die Projektstruktur. Marina Schnell schlägt ihre Mitarbeiterin, Yasmina Roth, als Projektleiterin vor. Ihr Kollege, Peter Schrank, schlägt seinen Mitarbeiter, Stefan Weiß, als Projektleiter vor. Damit sind bereits von Anfang an zwei Mitarbeiter in der engeren Auswahl für die Projektleiterposition.

Wenn Sie ein Team zusammenstellen, ist es sehr wichtig, die bestehenden Rahmenbedingungen genau zu analysieren und zu überlegen, welche Personen aufgrund ihrer Rollen im Unternehmen in die engere Wahl als Leiter und Mitarbeiter für das neue Team kommen.

Obwohl es vielfältige objektive Auswahlkriterien für Projekt-leiter und Teammitglieder von (virtuellen) Teams gibt, spielt in der Praxis häufig der Nasenfaktor eine große Rolle. Nach wie vor wird eine Führungskraft oft nur nach subjektiven Kriterien ausgewählt.

Da derzeit der Frauenanteil in den Vorstandsetagen deutscher Großunternehmen noch unter 10 % liegt und die Mitarbeiter-auswahl häufig nach dem „Ähnlichkeitsprinzip" stattfindet, machen oft Männer das Rennen, wenn es um die Leitung interessanter und prestigeträchtiger, internationaler Großpro-jekte geht – obwohl es im Unternehmen Frauen mit vergleich-baren oder sogar besseren Qualifikationen gibt. Einige Studien (z. B.„Woman Matter 1", 2007 von McKinsey und „Mixed Leadership", 2012 von Ernst & Young) belegen eindeutig, dass Unternehmen erfolgreicher sind, wenn Frauen in wichti-gen Schlüsselpositionen tätig sind.

Das Phänomen der Personalauswahl nach dem „Ähnlichkeits-prinzip" hat auch Nachteile für andere Gruppen im Unterneh-men – wie z. B. für Mitarbeiter mit Migrationshintergrund, Behinderte und ältere Mitarbeiter.

> Machen Sie sich das Ähnlichkeitsprinzip bei der Personalauswahl stets bewusst. Favorisieren Sie eine bestimmte Person, weil sie Ihnen ähnlich ist oder weil sie das beste Kompetenzprofil für die Projektrolle mitbringt?

Die ideale Führungskraft

Die Ähnlichkeitsfalle vermeiden

In unserem Beispiel sind sowohl Marina Schnell als auch ihr Kollege Peter Schrank in die Ähnlichkeitsfalle getappt, als es darum ging, einen passenden Kandidaten als Projektleiter für das globale Social-Media-Projekt vorzuschlagen.

Da es sich bei der Rolle des Projektleiters eines globalen Projekts um eine wichtige Schlüsselposition im Unternehmen handelt, ist es durchaus sinnvoll, den Personalauswahlprozess etwas aufwändiger zu gestalten. Sofern sich in einigen Monaten herausstellen sollte, dass diese Rolle nicht mit der passenden Person besetzt wurde, hat das Unternehmen viele Nachteile: Diese reichen von finanziellen Verlusten bis hin zu Kündigungen und einem Imageschaden.

Um das Risiko einer Fehlbesetzung so gering wie möglich zu halten und subjektive Faktoren bei der Besetzung weitgehend auszuschalten, könnten Sie die in Frage kommenden Kandidaten im Rahmen des Auswahlprozesses bitten, eine sehr praxisorientierte Fallstudie zu lösen.

Beispiel

Die in Frage kommenden Projektleiter für das globale Social-Media-Projekt, Yasmina Roth und Stefan Weiß, haben einen Tag Zeit, um eine Fallstudie aus dem Bereich Social Media zu lösen, in der alle benötigten Kompetenzen geprüft werden. Am Ende des Tages präsentieren sie getrennt voneinander ihre individuellen Ergebnisse vor Marina Schnell und Peter Schrank und zwei weiteren unabhängigen Führungskräften des Unternehmens sowie zwei externen Consultants. Die Juroren bewerteten die Leistung der beiden potenziellen Projektleiter nach einem ausgefeilten Punktesystem.

Persönliche Interviews

Da eine Fehlbesetzung des Projektleiters dem Unternehmen zahlreiche Nachteile bringt, sollten Sie die Kandidaten, die später Schlüsselpositionen in einem virtuellen Projekt einnehmen, immer persönlich auswählen. Neben der Bearbeitung einer Fallstudie sollten die Kandidaten zusätzlich in einem persönlichen Interview die Möglichkeit erhalten, den Auftraggebern im Unternehmen ihre Sicht auf das Projekt darzulegen. Zudem sollten Sie den potenziellen Projektleitern detaillierte Informationen zu den Rahmenbedingungen des Projekts – z. B. strategische und operative Ziele, grober Zeitplan inklusive wichtigster Milestones, Budget, Lenkungsausschuss, Berichtswege und -formen – zukommen lassen und mit ihnen offene Punkte besprechen. Sofern der Projektleiter nicht zugleich Personalverantwortlicher ist, sollten auch vorab genaue Absprachen getroffen werden, in welchem Zyklus und in welcher Form der Projektleiter an die Linienvorgesetzten seiner Teammitglieder berichtet. Oft findet auch die Abstimmung zwischen Projektleitern und Linienvorgesetzten virtuell statt.

Wie Sie passende Teammitglieder finden

Aus Zeit- und Kostengründen ist es oft nicht möglich, potenzielle Teammitglieder für ein virtuelles Projekt vorab persönlich kennenzulernen.

Beispiel

 Yasmina Roth wurde mittlerweile die Projektleitung für das internationale Social-Media-Projekt übertragen. Einige Regionen haben bereits eine Social-Media-Strategie und einen verantwortlichen Social Media Manager. Diese kennt sie persönlich von früheren Meetings. In manchen Regionen muss der Social Media Manager erst noch benannt werden, der dann in dem internationalen Projekt an Yasmina Roth berichten wird. Zuerst sucht sie in der internen Mitarbeiter-Datenbank nach passenden Kandidaten für ihr Projekt und bespricht ihre Vorauswahl mit den Linienvorgesetzten, den lokalen Marketingdirektoren, ihrer potenziellen Teammitglieder. Nachdem sie von den in Frage kommenden Kandidaten Lebensläufe angefordert hat, führt sie mit ihnen Videokonferenzen durch. Ihre Entscheidungen trifft sie dann im Anschluss in Kooperation mit den lokalen Marketingdirektoren.

Sofern es nicht möglich ist, dass Sie Ihre neuen Teammitglieder im persönlichen Gespräch kennenlernen, sollten Sie dies zeitnah – spätestens beim Kick-off-Meeting – nachholen.

Welche Kompetenzen Führungskräfte benötigen

Führungskräfte von virtuellen Teams müssen über viele unterschiedliche Kompetenzen verfügen.

Kompetenzen von Führungskräften virtueller Teams

Fachkompetenz

Wenn Sie die Leitung für ein virtuelles Projekt übernehmen, ist es unerlässlich, dass Sie über entsprechende Fachkenntnisse bezüglich des Projektthemas verfügen. Diese müssen zwar nicht in allen Teilbereichen des Projekts sehr tief sein. Ihre Kenntnisse sollten jedoch so umfassend sein, dass Sie die Leistungen Ihrer Teammitglieder beurteilen und die Aufwände für einzelne Teilaufgaben im Projekt realistisch einschätzen können.

Beispiel

 Yasmina Roth leitet ein globales Social-Media-Team. Um dieser Aufgabe gerecht zu werden, muss sie selbst eine sehr hohe Affinität zu Social Media haben, praktische Erfahrungen gesammelt haben und ein Gespür für Trends in diesem Bereich haben. Es ist jedoch nicht erforderlich, dass sie selbst Apps für mobile Endgeräte entwickeln oder individuelle Features für Facebook-Pages programmieren kann. Für diese Sonderaufgaben kann sie in- und externe Spezialisten in ihr Projektteam einbinden. Sie benötigt jedoch technische Grundkenntnisse, um die Aufwände für diese Sonderaufgaben realistisch einschätzen zu können.

Methodenkompetenz

Fundierte Kenntnisse im Projektmanagement und zu Organisationsstrukturen und Prozessen in Ihrem Unternehmen sind ebenfalls unerlässlich, wenn Sie ein virtuelles Team erfolgreich führen und Ihre Projekte termin- und budgetgerecht abschließen wollen. Sofern nicht bereits im Studium erworben, sollten Sie sich unbedingt betriebswirtschaftliche Kenntnisse und spezifisches Projektmanagement-Knowhow über Seminare, Workshops, Fachliteratur etc. aneignen.

Medienkompetenz

Als Führungskraft eines virtuellen Teams müssen Sie eine ausgeprägte Medienkompetenz besitzen. Dies bedeutet, dass Sie sich nicht nur permanent über neueste technische Entwicklungen auf dem Laufenden halten sollten, sondern auch, dass Sie ständig evaluieren, wie Sie welche Medien sinnvoll in Ihren Projekten einsetzen könnten. Außerdem sollten Sie versiert im Umgang mit den einzelnen Medien sein und die Stärken und Schwächen bestimmter Tools genau kennen.

In der heutigen Zeit sind Führungskräfte von virtuellen Teams zugleich Social Media Manager: Sie koordinieren nicht nur Telefonkonferenzen, sondern sie sind auch Moderatoren von Projekt-Communities und definieren Blog-Richtlinien für das Projekt-Blog und Regeln für die Nutzung von Wikis im Projekt. Zudem müssen sie die Fähigkeit besitzen, Konflikte im virtuellen Raum rechtzeitig zu erkennen und in adäquater Form zu lösen. Das bedeutet: Sie sollten die Kommunikation in Foren, Blogs, Chats etc. aufmerksam verfolgen und bei Bedarf eingreifen. Zudem benötigen sie ein ausgeprägtes Wahrnehmungsvermögen, um auf die „leisen" Töne in Telefon- und Videokonferenzen zu achten, diese richtig zu interpretieren und adäquate Maßnahmen zu ergreifen.

Führungskompetenz

Eine spezielle Herausforderung für Führungskräfte von virtuellen Teams besteht darin, gute Beziehungen zu allen direkten und indirekten Projektbeteiligten herzustellen – obwohl sie diese nur selten oder vielleicht gar nie persönlich treffen. Das heißt, Sie müssen ein sehr guter „Relationship Manager" sein und nicht nur vertrauensvolle Beziehungen zu Ihren Teammitgliedern aufbauen, sondern auch zu Ihren Kunden, Partnern, dem Lenkungsausschuss, den Linienvorgesetzten Ihrer Teammitglieder und zu der Geschäftsleitung Ihres Unternehmens – und dies oft auf globaler Ebene.

Als Führungskraft ist es Ihre zentrale Aufgabe, die Interessen aller Projektbeteiligten auf einen gemeinsamen Nenner zu bringen und mögliche Interessenskonflikte konstruktiv zu lösen. Dies erfordert eine ausgeprägte Ergebnisorientierung und die Fähigkeit, Wichtiges von Dringendem unterscheiden zu können.

Führungskräfte von virtuellen Teams sind eher Moderatoren von virtuellen Communities als autoritäre Lenker, die mit Druck und Drohungen ihre Interessen „durchboxen". Denn durch die neuen technischen Möglichkeiten ist eine andere Arbeitskultur entstanden. Im Vergleich zu früheren Zeiten arbeiten Projektmitarbeiter von virtuellen Teams oft zeit- und raumunabhängig und viele Firmen haben bereits eine sog. „Vertrauensarbeitszeit" eingeführt. Das heißt, die Mitarbeiter können weitgehend selbst bestimmen, zu welchen Zeiten sie arbeiten, und das Unternehmen vertraut den Mitarbeitern, dass sie die Arbeitszeiten korrekt erfassen. Für Sie bedeutet dies, dass Sie in einem solchen Ambiente Ihren Teammitgliedern von Anfang an ein hohes Maß an Vertrauen entgegenbringen müssen.

Trotz dieses selbstbestimmten Arbeitens Ihrer Mitarbeiter sollten Sie in der Lage sein, das Projekt in adäquater Form zu steuern und zur Zufriedenheit aller Beteiligten durchzuführen. Zudem sollten Sie Ihre Teammitglieder auch über Distanz motivieren und ihnen konstruktives Feedback geben.

Kommunikationskompetenz

Für Führungskräfte eines virtuellen Teams zählt die Kommunikationskompetenz zu den Kernkompetenzen. Besondere Herausforderungen in einem virtuellen Team bestehen darin, dass Sie Ihre Teammitglieder selten persönlich sehen und häufig nonverbale Elemente der Kommunikation gar nicht wahrnehmen können. Zum anderen arbeiten Sie meist mit Menschen aus anderen Kulturen zusammen, die im Projekt nicht in ihrer Muttersprache sprechen und schreiben.

Daher ist es wichtig, dass Sie neben Ihrer Muttersprache über sehr gute Englischkenntnisse in Wort und Schrift und idealerweise über weitere Fremdsprachenkenntnisse verfügen. Zudem sollten Sie in der Lage sein, komplexe Sachverhalte und Anweisungen klar und deutlich schriftlich wie mündlich zu formulieren sowie sprachliche und interkulturelle Missverständnisse auf diese Weise vermeiden.

Da Sie als Führungskraft eines virtuellen Teams häufig als Moderator agieren, sollten Sie auch ausreichend Erfahrung in der Moderation von Telefon-, Videokonferenzen und virtuellen Meetings und Communities haben.

Soziale Kompetenz

Zahlreiche Studien belegen, dass die sog. Soft Skills, also die außerfachlichen Fähigkeiten, einer Führungskraft und der

Teammitglieder ausschlaggebend für den Erfolg eines Projekts sind.

Eine davon ist die soziale Kompetenz. Unter sozialer Kompetenz versteht man eine Vielzahl von speziellen Fertigkeiten im Umgang mit anderen Menschen, die sich als Gesamtheit nur schwer definieren lassen. Wer eine ausgeprägte soziale Kompetenz hat, hat in der Regel ein überdurchschnittlich gutes Wahrnehmungsvermögen und erkennt selbst über Distanz – z. B. in Telefonkonferenzen durch den Klang der Stimmen der Teilnehmer – ob alles im grünen Bereich ist oder nicht. Aufgrund der fehlenden Gestik und Mimik im virtuellen Raum ist es jedoch nicht immer einfach, diese „leisen" Töne wahrzunehmen.

Um ein sehr heterogenes Team führen zu können, müssen Sie über ein großes Maß an Empathie und emotionaler Intelligenz verfügen. Zugleich müssen Sie jedoch auch entsprechendes Durchsetzungsvermögen haben, um als Führungskraft anerkannt zu werden und Ihre (Projekt-)Ziele zu erreichen. Auch die Vermittlung von Anerkennung und Wertschätzung sind unabdingbarer Teil der sozialen Kompetenz. Dies ist insbesondere bei virtuellen Projekten aufgrund der räumlichen Distanz oft sehr schwierig. Ein positives Feedback und eine angemessene Wertschätzung Ihrer Teammitglieder sind jedoch unerlässlich, wenn Sie Ihr Team über einen längeren Zeitraum erfolgreich motivieren wollen.

Diversity-Kompetenz

Die Diversity-Kompetenz steht in engem Zusammenhang mit der sozialen Kompetenz, teilweise gibt es auch Überschneidungen – je nach Definition dieser Kompetenzen. Diversity-Kompetenz ist insbesondere für die Führungskraft eines internationalen virtuellen Teams von großer Bedeutung. Denn als solche ist es sehr wahrscheinlich, dass Ihr Team sehr heterogen ist. Dies kann sich auf viele verschiedene Komponenten beziehen:

- Geschlecht/Rollenbilder in verschiedenen Ländern
- Alter
- ethnische Herkunft und kulturelle Prägung
- Religion
- Wertesysteme
- Funktionale Rollen im Unternehmen/Hierarchieebenen
- sozialer Status
- Persönlichkeitstypen
- Art der Berufstätigkeit (Vollzeit, Teilzeit, Freelancer)
- Unternehmenskultur (z.B. bei Teammitgliedern aus unterschiedlichen Organisationen)
- technische Ausstattung, insbesondere in Teams, die aus Mitgliedern verschiedener Organisationen zusammengesetzt sind
- Aspekte der persönlichen Lebensführung (z.B. Eltern von Kleinkindern, die überwiegend im Home Office arbeiten), die Auswirkungen auf das Projekt haben

Um ein sehr heterogenes Team in adäquater Weise führen zu können, brauchen Sie ein hohes Maß an Toleranz. Zudem müssen Sie sehr offen gegenüber fremden Kulturen, Sichtweisen und Lebenseinstellungen sein und die Bereitschaft mitbringen, Ihre eigenen Überzeugungen stets zu hinterfragen. Hierzu benötigen Sie insbesondere die Fähigkeit zum Perspektivenwechsel, die Sie z.B. in Diversity-Trainings oder interkulturellen Trainings und Coachings üben können.

Wenn Sie ein internationales virtuelles Team führen, ist es von großem Nutzen, wenn Sie sich bereits vor Projektstart intensiv mit den Kulturen auseinandergesetzt haben, aus denen Ihre Teammitglieder kommen. Im Idealfall haben Sie bereits selbst eine Zeit lang im Ausland gelebt und gearbeitet und Ihr Herkunftsland aus dieser Distanz von außen betrachtet. Zudem ist es sehr hilfreich, die Erfahrung gemacht zu haben, selbst Ausländer oder Teil einer bestimmten Minderheit zu sein.

Persönlichkeitskompetenz

Auch die Persönlichkeitskompetenz setzt sich aus einer Fülle von Eigenschaften zusammen, die nicht nur im Berufsleben, sondern auch im privaten Bereich relevant sind. Sie benötigen ein gesundes Selbstbewusstsein und die Fähigkeit, Ihre eigenen Stärken und Schwächen realistisch einschätzen zu können. Außerdem haben Sie eine Vorbildfunktion. Daher sollte Ihr Verhalten in verschiedenen Situationen souverän und repräsentativ sein. Dazu gehört es, dass Sie ausgeprägte Selbstmanagement-Fähigkeiten haben und selbst Termine einhalten, Ihren Teammitgliedern regelmäßig motivierendes Feedback geben und Konflikte konstruktiv lösen.

Zudem sollten Sie auch im Hinblick auf die Frustrationstoleranz stets ein Vorbild für Ihre Teammitglieder sein und sich von Rückschlägen nicht entmutigen lassen, sondern mit viel Engagement und positiver Haltung die Projektaufgaben durchführen. Andererseits sollten Sie Ihre körperlichen Grenzen kennen und im Extremfall rechtzeitig entsprechende Gegenmaßnahmen initiieren. Denn in der heutigen Zeit missachten viele Führungskräfte die stressbedingten Warnsignale, bis sie schließlich durch einen Burnout oder andere Auswirkungen von Stress (z.B. eine Herzerkrankung) komplett aus der Bahn geworfen werden. Daher ist es für Sie sehr wichtig, sowohl Ihre eigene Belastbarkeit als auch die Ihrer Teammitglieder realistisch einzuschätzen und entsprechende Warnsignale rechtzeitig wahrzunehmen und gegenzusteuern.

Bei den meisten Menschen sind die verschiedenen Kompetenzbereiche recht unterschiedlich ausgeprägt. Schätzen Sie nun anhand der folgenden Checkliste Ihre Kompetenzen ein.

Ihr Kompetenzprofil als Führungskraft eines virtuellen Teams

Kompetenzbereiche	Ausprägung schwach → stark
Fachkompetenz	
▪ Fachkenntnisse im (Teil)Projekt ...	☐ ☐ ☐ ☐ ☐
▪ Fachkenntnisse im (Teil)Projekt ...	☐ ☐ ☐ ☐ ☐
▪ Fachkenntnisse im (Teil)Projekt ...	☐ ☐ ☐ ☐ ☐
Methodenkompetenz	
▪ Projektmanagement-Knowhow	☐ ☐ ☐ ☐ ☐
▪ Organisationsentwicklung	☐ ☐ ☐ ☐ ☐

Kompetenzbereiche	Ausprägung schwach → stark
▪ Rollen und Prozesse etablieren	☐ ☐ ☐ ☐ ☐
Medienkompetenz	
▪ Kenntnisse über (Trends bei) Collaboration-Tools für virtuelle Teams	☐ ☐ ☐ ☐ ☐
▪ Praktische Erfahrung mit Social Media und Social Software	☐ ☐ ☐ ☐ ☐
▪ Fähigkeit zur Auswahl adäquater Medien zur Kommunikation im Projekt	☐ ☐ ☐ ☐ ☐
Führungskompetenz	
▪ Relationship Management	☐ ☐ ☐ ☐ ☐
▪ Ergebnisorientierung	☐ ☐ ☐ ☐ ☐
▪ Interessenskonflikte lösen	☐ ☐ ☐ ☐ ☐
Kommunikationskompetenz	
▪ Fremdsprachenkenntnisse	☐ ☐ ☐ ☐ ☐
▪ Klarheit in der Kommunikation schriftlich und mündlich	☐ ☐ ☐ ☐ ☐
▪ Fähigkeit zur Moderation von virtuellen Communities, Telefon- und Videokonferenzen	☐ ☐ ☐ ☐ ☐
Soziale Kompetenz	
▪ Einfühlungsvermögen	☐ ☐ ☐ ☐ ☐

Kompetenzbereiche	Ausprägung schwach → stark
• Wahrnehmung der Bedürfnisse anderer	☐ ☐ ☐ ☐ ☐
• Aufbau von Vertrauen	☐ ☐ ☐ ☐ ☐
Diversity-Kompetenz	
• Toleranz gegenüber anderen Kulturen, Religionen, Sichtweisen	☐ ☐ ☐ ☐ ☐
• Fähigkeit zum Perspektivenwechsel	☐ ☐ ☐ ☐ ☐
• Berücksichtigung von Bedürfnissen anderer	☐ ☐ ☐ ☐ ☐
Persönlichkeitskompetenz	
• Realistisches Selbstbild	☐ ☐ ☐ ☐ ☐
• Selbstmanagement	☐ ☐ ☐ ☐ ☐
• Einschätzung der persönlichen Belastbarkeit	☐ ☐ ☐ ☐ ☐

Welche Kompetenzen Teammitglieder benötigen

Zum einen brauchen alle Mitglieder eines virtuellen Teams zwingend bestimmte Kompetenzen, um überhaupt arbeitsfähig zu sein. Zum anderen brauchen sie auch Kompetenzen, die in engem Zusammenhang mit dem Fokus des Projekts stehen, das z.B. Experten-Knowhow in einem bestimmten Bereich erfordert.

Beispiel

 Wir erinnern uns: Yasmina Roth ist für die globale Social-Media-Strategie in einem Konzern der Konsumgüterindustrie verantwortlich. Sie ist gerade dabei, passende Mitglieder für ihr internationales Projektteam zu suchen. Kompetenzen, die alle ihre potenziellen Teammitglieder mitbringen müssen, sind z. B. sehr gute Englischkenntnisse, Medienkompetenz, insbesondere eine hohe Affinität zu und vielfältige praktische Erfahrungen mit Social Media. Die Teilprojektleiter in den Ländern müssen zudem einen guten Marktüberblick über die relevanten Social Media und aktuelle Trends in diesem Bereich in ihrem Land haben, aber sie müssen z. B. nicht wissen, welche Social Media gerade in anderen Ländern unter den Top Ten sind.

Erfolgsfaktor Soft Skills

Das übergeordnete Projektziel hat entscheidenden Einfluss auf die Auswahl der passenden Projektmitarbeiter. Bereits dadurch schränkt sich der Kreis der in Frage kommenden Teammitglieder stark ein. Nach wie vor werden in vielen Organisationen die Projektmitglieder in erster Linie auf Basis von fachlichen Kompetenzen ausgewählt. Alle übrigen Kompetenzen werden als nicht so wichtig betrachtet. Das kann im Zweifelsfall zu großen Stolpersteinen im Projekt führen.

Beispiel

 Ein österreichischer Netzwerk-Ingenieur wird im Rahmen eines globalen IT-Outsourcing-Projekts für einige Monate nach Rom entsandt. Aus fachlicher Sicht ist er die Idealbesetzung. Zudem beherrscht er die englische Sprache, die offizielle Projektsprache, sehr gut. Er berichtet an den globalen Program Manager des Projekts in London. In den Telefonkonferenzen, in denen der Program Manager den Projektstatus in den einzelnen Ländern abfragt, gibt sich der Netzwerk-Ingenieur sehr wortkarg. In einem One-to-One-Gespräch stellt sich heraus, dass viele Kollegen in Italien nur rudimentäre Englischkenntnisse haben und der Netzwerk-Ingenieur, der eher introvertiert ist, mit der extrovertierten Art seiner italienischen Kollegen nicht gut zurechtkommt. Um seine Aufgaben in adäquater Weise ausführen zu können, würde er viele Informationen seiner Kollegen vor Ort in Rom benötigen. Da er aber nicht über die nötige Kommunikationskompetenz verfügt und die Sprache eine zusätzliche Barriere darstellt, ist er nicht in der Lage, seine fachlichen Aufgaben wie geplant auszuführen.

Damit ein Team mittel- und langfristig erfolgreich zusammenarbeitet, ist es erforderlich, gezielt Teammitglieder auszuwählen, die sich gegenseitig in ihren Kompetenzen ergänzen. Es ist zwar einfacher, ein relativ homogenes Team zu führen, mittel- und langfristig sind in der Regel jedoch heterogene Teams erfolgreicher – sofern die Führungskraft in der Lage ist, ein Klima der gegenseitigen Wertschätzung und ein demokratisches Miteinander zu etablieren, in dem sich alle Teammitglieder frei entfalten können.

Kernkompetenzen für Mitglieder eines virtuellen Teams

Mitglieder virtueller Teams arbeiten oft weit entfernt von ihrer Führungskraft und den übrigen Teammitgliedern. Sie benötigen im Vergleich zu Mitgliedern von Präsenzteams eine Reihe von zusätzlichen Kompetenzen, z. B. eine stark ausgeprägte Fähigkeit zur Selbstmotivation und eine große Portion Frustrationstoleranz. Prüfen Sie anhand der folgenden Checkliste, ob Ihre potenziellen Teammitglieder bereits heute alle Kernkompetenzen für die Arbeit in einem virtuellen Team mitbringen.

Checkliste: Profil des Mitglieds eines virtuellen Teams

Teammitglied (Vor- und Nachname): ...

- Fachkenntnisse in den Bereichen: ...

- Methodenkenntnisse (z.B. Projektmanagement): ...

- Fremdsprachenkenntnisse (z.B. Englisch in Wort und Schrift): ...

- Kommunikationsfähigkeit schriftlich und mündlich: ...

- Praktische Erfahrungen mit Collaboration-Tools: ...

- Persönlichkeitstyp (Allrounder, Fachexperte, introvertiert/extrovertiert etc.): ...

- Fähigkeit zur Selbstorganisation: ...

- Fähigkeit zur Selbstmotivation: ...

- Verantwortungsbewusstsein: ...

- Teamfähigkeit: ...

- Kooperationsfähigkeit: ...

- Toleranz gegenüber anderen Meinungen, Kulturen, Religionen, Sichtweisen: ...

- Flexibilität (geistig, zeitlich): ...

- Frustrationstoleranz: ...

- Problemlösungskompetenz: ...

Diversity Management in virtuellen Teams

Die Wahrscheinlichkeit, dass Sie ein sehr heterogenes virtuelles Team führen, ist relativ groß, insbesondere wenn es sich um ein internationales Projektteam handelt. So werden Sie Menschen unterschiedlicher sozialer und ethnischer Herkunft und mit unterschiedlichen Ausbildungen im Team haben. Je internationaler Ihr Team ist, desto größer werden die Unterschiede sein.

Hinzu kommt die Tatsache, dass es aufgrund des demografischen Wandels immer mehr ältere Mitarbeiter gibt und sich das Renteneintrittsalter immer weiter nach hinten verschiebt. Dies führt dazu, dass sich die Altersspanne Ihrer Teammitglieder kontinuierlich vergrößert und Sie eventuell die Generation „Schreibmaschine" und Digital Natives bei der Kommunikation auf einen gemeinsamen Nenner bringen müssen.

Chancen und Risiken von heterogenen virtuellen Teams

Heterogene Teams bringen nicht nur große Risiken, sondern auch große Chancen mit sich.

Risiken heterogener Teams

- Sprachliche Missverständnisse, da viele Teammitglieder nicht ihre Muttersprache sprechen
- Interkulturelle Missverständnisse, da die Teammitglieder aus unterschiedlichen Kulturen stammen
- Unterschiedliche Wertesysteme der Teammitglieder: Je nach kultureller Prägung unterscheiden sich die Werte-

Risiken heterogener Teams

systeme der Teammitglieder und können eventuell zu Konflikten im Projekt führen

- Direkte versus indirekte Kommunikation je nach Kulturkreis: Während die meisten Deutschen sehr direkt kommunizieren und meist klar zwischen Person und Sache trennen, kommunizieren Mitarbeiter aus vielen anderen Kulturen eher indirekt und würden z. B. nie offen Kritik üben, wenn ihnen etwas nicht gefällt

- Bevorzugung unterschiedlicher Kommunikationsmittel je nach Kulturkreis

- Unterschiedliches Zeitverständnis

- Unterschiedlicher Arbeitsrhythmus je nach Region, inklusive Zeitverschiebungen

- Entstehung von künstlichen Hierarchien durch kulturelle Mehr- und Minderheiten

- Cliquen-Bildung im Team, z. B. „jung versus alt"

- Nachteile in gewissen Zeitzonen, z. B. Telefonkonferenzen um 21 Uhr für einen deutschen Mitarbeiter, weil die Mehrheit der Teammitglieder ihren Dienstsitz in den USA hat

- Unterschiedliche Persönlichkeitstypen, die nahezu inkompatibel sind

- Interessenkonflikte aufgrund der unterschiedlichen Rollen, Funktionen und Lebensmodelle der Teammitglieder

Chancen heterogener Teams

- Erarbeitung von kreativeren Lösungen dank der sehr unterschiedlichen Sichtweisen der Teammitglieder

- Erreichung von Wettbewerbsvorteilen, z. B. durch die Entwicklung von innovativen Lösungen, die aufgrund der Heterogenität im Team entwickelt wurden

- Erhöhung der Produktivität, z. B. durch unkonventionelle Lösungen, die ein monokulturelles Team aufgrund der Homogenität nicht hätte entwickeln können

- Aufbau von interkultureller Kompetenz bei allen Projektbeteiligten

- Gegenseitiger Wissenstransfer zwischen den Teammitgliedern

- Realisierung von globalen Open-Innovation-Projekten mit vielen verschiedenen Projektbeteiligten (Im Rahmen eines Open-Innovation-Projekts wird der Innovationsprozess eines Unternehmens gezielt zur Außenwelt hin geöffnet. Das heißt, es werden z. B. auch Externe in den Innovationsprozess einbezogen.)

- Schnellere Bewältigung von spezifischen Herausforderungen durch heterogene Ansätze bei der Lösung von Problemen

- Mehr Wissen über fremde Kulturen

- Blick über den Tellerrand des eigenen Aufgabengebiets durch Zusammenarbeit mit Kollegen und Partnern aus anderen Bereichen

- Verbesserung der Fremdsprachenkenntnisse

Chancen heterogener Teams

- Versierte Anwendung moderner Kommunikationsmedien
- Qualifizierung der Teammitglieder für weitere virtuelle Projekte
- Gegenseitiger Knowhow-Transfer innerhalb des Teams
- Gegenseitige Impulse, die dazu beitragen, die eigenen Sichtweisen zu überdenken
- Persönliche Bereicherung jedes einzelnen Teammitglieds durch das heterogene Team und damit neue Impulse für die eigene Lebensgestaltung

Diversity-Kompetenz in der Praxis

Im Vergleich zu Präsenzteams, die oft aus einem Unternehmen und einem Kulturkreis stammen, gibt es einige Herausforderungen bei der Führung von heterogenen virtuellen Teams. Oben wurde bereits erwähnt, dass die Diversity-Kompetenz zu Ihren Kernkompetenzen als Führungskraft eines heterogenen Teams zählt.

Beispiel

 Lara Schneider ist Führungskraft eines interkulturellen virtuellen Teams, das aus zehn Mitgliedern besteht. Die Teammitglieder sind zwischen 25 und 62 Jahre alt und kommen aus Deutschland, Spanien, der Türkei, Brasilien, den USA und Japan. Das Team setzt sich jeweils zur Hälfte aus Frauen und Männern zusammen. Als Teambildungsmaßnahme soll ein Event mit allen Mitgliedern in Deutschland stattfinden, für dessen Organisation Lara Schneider verantwortlich ist. Um das Ganze etwas aufzulockern, möchte sie den Event mit einem netten Rahmenprogramm verknüpfen. Ein Teammitglied hat eine Rafting-Tour vorgeschlagen. Ein anderes

Teammitglied hatte die Idee, abends ein sog. „Dinner in the Dark"
(gemeinsames Essen bei absoluter Dunkelheit) in den Event zu
integrieren. Wie geht Lara Schneider bei der Planung des Rahmenprogramms für den Teamevent vor und welche Punkte muss
sie dabei beachten?

Um zu einer möglichst demokratischen Lösung für das Rahmenprogramm zu kommen, könnte sie ihre Teammitglieder
auffordern, innerhalb einer Frist von zwei Wochen Vorschläge
zu machen. Sie könnte die Teammitglieder bitten, etwas
Spezifisches aus ihrer Kultur vorzuschlagen. Diese Ideen-
sammlung könnte z. B. im Rahmen eines Projektblogs stattfinden. Dabei haben die Teammitglieder die Möglichkeit, die
Beiträge der anderen zu kommentieren und Fragen zu stellen.
Bei der endgültigen Entscheidung sollte Lara Schneider jedoch
folgende Punkte bedenken:

- Da sie einige ältere Teammitglieder hat, ist es möglich,
  dass diese gesundheitliche Einschränkungen haben und an
  bestimmten Teambuilding-Maßnahmen nicht teilnehmen
  können.

- Die Teammitglieder kommen aus unterschiedlichen Kulturen. Die persönlichen Distanzzonen variieren von Kultur zu
  Kultur. Die körperliche Nähe, die in einem Land als völlig
  normal empfunden wird, kann ein Mitglied aus einer anderen Kultur bereits als Belästigung empfinden.

- Häufig unterscheiden sich auch die Hobbys und Vorlieben
  von Männern und Frauen. Das Rahmenprogramm sollte den
  Geschmack beider Geschlechter treffen.

- Einige Teammitglieder kommunizieren wahrscheinlich eher
  indirekt. Das heißt, sie würden nie offen Kritik am Vor-

schlag eines Kollegen üben, selbst wenn er ihnen absolut missfällt, sondern unter einem Vorwand am Event nicht teilnehmen. Lara Schneider sollte daher auch gezielt auf diese „leisen" Töne achten.

- Manche Mitarbeiter haben eine lange Anreise und kämpfen mit Jetlag und Temperaturunterschieden.

- Wahrscheinlich gehören die Teammitglieder unterschiedlichen Religionen an. Eventuell sind einige Muslime dabei, die aus religiösen Gründen kein Schweinefleisch essen und keinen Alkohol trinken. Dies sollte bei der Auswahl der Speisen und der Location berücksichtigt werden (z. B. könnten Biergärten ein Affront sein).

- Ebenso sollte abgeklärt werden, ob jemand Vegetarier ist oder Nahrungsmittelunverträglichkeiten oder -allergien hat. Gemeinsam mit den betreffenden Dienstleistern sollte ein vielfältiges, interkulturelles Menü zusammengestellt werden.

- Um beim Essen Demokratie walten zu lassen, könnte Lara Schneider z. B. ein interkulturelles Picknick veranstalten, für das sie Speisen aus allen Nationen bestellt, die im Team vertreten sind. Sie könnte die Teammitglieder in die Gestaltung des Rahmenprogramms einbinden und um konkrete Essensvorschläge aus deren Kultur bitten.

- Das Rahmenprogramm des Events sollte so zusammengestellt werden, dass sich jeder optimal einbringen kann und sich keine Untergruppen bilden.

- Bei der Auswahl des Rahmenprogramms sollte Lara Schneider unbedingt versuchen, die Interessen der Teammitglieder auf einen gemeinsamen Nenner zu bringen und das Zusammengehörigkeitsgefühl zu fördern. Alle sollten Spaß daran haben.

- Zudem sollte sie vermeiden, dass jemand einen Kulturschock bei dem Event bekommt. Je nach kultureller Prägung können ganz unterschiedliche Dinge Auslöser dafür sein: Meist handelt es sich dabei nicht um ein Schockerlebnis im klassischen Sinne, sondern um Irritationen und Verwirrung beim Zusammentreffen mit Angehörigen anderer Kulturen. Das kann von ungewohnten Formen der Begrüßung und Gesten über fremde Nahrungsmittel bis hin zur Verärgerung über die Missachtung von Konventionen der eigenen Kultur und Religion reichen.

- Lara Schneider könnte den Event auch mit einer Teambuilding-Maßnahme verbinden. Im Rahmen eines interkulturellen Trainings könnte sie ihre Teammitglieder gezielt für kulturelle Unterschiede sensibilisieren.

Auf einen Blick: Besetzung von virtuellen Teams

- Führungskräfte benötigen besondere Kompetenzen, um ihr virtuelles Team zum Erfolg zu führen, u.a. Medien-, Kommunikations- und Diversity-Kompetenz.

- Auch die Mitarbeiter virtueller Teams müssen spezielle Kompetenzen haben, insbesondere ausgeprägte Fähigkeiten zum Selbstmanagement und zur Selbstmotivation.

- Internationale Teams sind oft sehr heterogen hinsichtlich ethnischer Herkunft, Sprache und Religion. Eine Führungskraft muss sich mit den unterschiedlichen kulturellen Prägungen ihrer Mitarbeiter intensiv auseinandersetzen und diese stets im Führungsalltag berücksichtigen.

Teams über Distanz führen

Wer die Fäden eines Projekts auch auf große Entfernung in der Hand behalten möchte, muss gut organisieren und vor allem gut führen können.

Im folgenden Kapitel lesen Sie,

- welchen Rahmen Sie für Ihr Projekt festlegen sollten,
- wie Sie über Ziele führen,
- wie Sie Ihre Erfolge messen können,
- wie Sie Ihr Team gezielt entwickeln und
- welche Personalentwicklungsmaßnahmen für virtuelle Teams wichtig sind.

Rahmenbedingungen klären

Viele Führungsmethoden, die in einem Präsenzteam hervorragend funktionieren, können Sie in einem virtuellen Team nicht anwenden. So werden Präsenzmeetings mit Status-Updates in Ihrem virtuellen Team wahrscheinlich eher die Ausnahme sein. Als Führungskraft eines virtuellen Teams sind Sie daher gefordert, andere Methoden anzuwenden, um Ihr Team erfolgreich zu führen und die Projektziele zu erreichen.

Ein virtuelles Linienteam führen

Im Gegensatz zu virtuellen Projektteams hat bei Linienteams die Führungskraft die Personalverantwortung für die Teammitglieder. In der Regel sind virtuelle Linienteams homogener als Projektteams, da alle Mitglieder aus einem Unternehmen stammen. Dies hat den Vorteil, dass es meist einheitliche technische Rahmenbedingungen gibt und die Mitglieder mit diesen vertraut sind. Nichtsdestotrotz müssen auch in virtuellen Linienteams Zielvereinbarungen etabliert, Regeln für die Kommunikation und ideale technische Rahmenbedingungen geschaffen werden, damit das Team effektiv zusammenarbeiten kann.

Da ein virtuelles Linienteam meist langfristig besteht, ist es in seiner Struktur insgesamt stabiler als ein virtuelles Projektteam. Zudem gibt es in Linienteams keine Interessenskonflikte zwischen Linien- und Projektaufgaben.

Ein virtuelles Projektteam führen

Virtuelle Linienteams sind zwar auch stark im Kommen, dennoch geht der Trend eher zu heterogenen virtuellen Projektteams, deren Teammitglieder aus verschiedenen Organisationen stammen und nur für eine Zeit zusammenarbeiten, um ein bestimmtes Projekt zu realisieren. Es ist hier durchaus üblich, dass Teammitglieder das Projekt vor dessen Ende verlassen und neue Teammitglieder nach dem Projektstart hinzu stoßen. Dies bedeutet für Sie, dass Sie sich bereits zu Beginn des Projekts adäquate Methoden überlegen müssen, wie Sie Teammitglieder effektiv ausphasen bzw. möglichst schnell ins Team integrieren.

Sie sollten vor dem offiziellen Projektstart genau klären, wie und wo das Team innerhalb der Organisation aufgehängt ist und in welcher Form und in welchem Rhythmus Sie an die Stakeholder und ggf. an die Führungskräfte Ihrer Teammitglieder berichten werden.

Beispiel

 Yasmina Roth leitet ein globales Social-Media-Projekt in einem internationalen Konzern. Ihr Dienstsitz ist Frankfurt. Sie führt ein Team von regionalen Social Media Managern aus verschiedenen Ländern. Punktuell werden auch externe Firmen in das Projektteam eingebunden, die Spezialaufgaben ausführen. Zudem gibt es einen externen Coach, der allen Projektbeteiligten während des Projekts zur Verfügung steht. Yasmina Roth berichtet an das Vorstandsmitglied Marina Schnell. Darüber hinaus steht sie in Kontakt mit den Linienvorgesetzten ihrer Teammitglieder. Dies sind in der Regel die Marketingdirektoren verschiedener Regionen. Da manche Regionen noch keine Social Media Manager haben, werden diese Rollen dort vorübergehend von externen

Beratern und/oder Interims-Managern übernommen. Die Social Media Manager in den einzelnen Regionen leiten ihrerseits wieder ein regionales Projektteam, das aus Mitarbeitern verschiedener Abteilungen besteht.

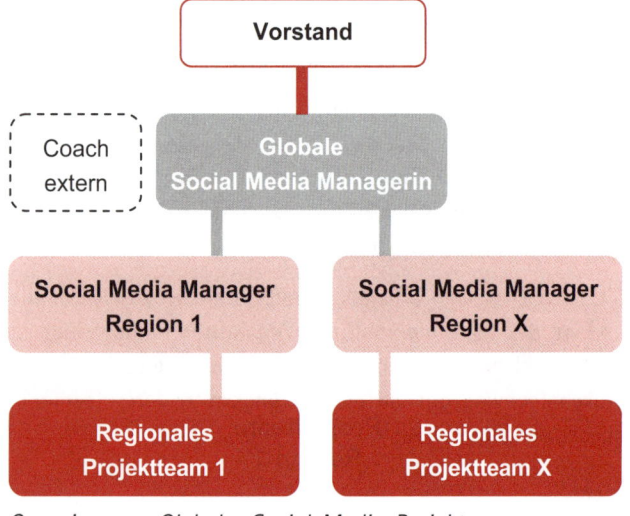

Organigramm: Globales Social-Media-Projekt

Organigramm: Region 1

Die Projektvorbereitung

Bevor Sie ein offizielles Kick-off-Meeting mit Ihren Teammitgliedern veranstalten, sollten Sie einige Rahmenbedingungen in Ihrem Unternehmen klären. Die folgende Checkliste
hilft bei der Vorbereitung Ihres Projekts.

Checkliste: Projektvorbereitung

- Welches Budget steht für das Projekt zur Verfügung?
- Welche zeitlichen Rahmenbedingungen sind einzuhalten?
- Welche strategischen und operativen Ziele sollen er-
  reicht werden?
- Welche Kompetenzen hat der Teamleiter?
- Wer möchte in welcher Form über das Projekt informiert
  werden?
- Welche in- und externen Marketing- und PR-Maßnah-
  men sind für das Projekt erforderlich?
- Welche Kommunikationsmittel kommen in Frage?
- Muss neue Software oder sonstiges technisches Equip-
  ment angeschafft werden, um eine erfolgreiche Projektkommunikation sicherzustellen?
- Welches Reisekostenbudget steht für die Führungskraft
  und die einzelnen Teammitglieder während des Projekts
  zur Verfügung und wie häufig kann sich das Team
  persönlich treffen?
- Welche Orte kommen für ein Kick-off-Meeting und
  andere persönliche Treffen in Frage?

- In welcher Form und in welchen Zeitabständen soll die Führungskraft an die Linienvorgesetzten der Teammitglieder berichten?

- Wie viel Prozent ihrer Arbeitszeit steht den einzelnen Teammitgliedern für das virtuelle Projekt zur Verfügung?

- Haben alle in- und externen Projektbeteiligten ideale technische Rahmenbedingungen für eine optimale Kommunikation im Team?

- In welchen Bereichen müssen die Teammitglieder vor dem offiziellen Projektstart noch Knowhow aufbauen?

- Welche Rollen spielen der Lenkungssauschuss sowie externe Coachs im Projekt und wann sollten sie kontaktiert werden?

- Welche in- und externen Schnittstellen hat das Projektteam (z. B. zur IT-Abteilung oder zur Unternehmenskommunikation und zu externen Kooperationspartnern)?

Technische Rahmenbedingungen an den Standorten klären

Damit alle in- und externen Teammitglieder optimal kommunizieren können, ist es erforderlich, dass Sie vor Projektstart sicherstellen, dass alle Beteiligten über adäquate technische Rahmenbedingungen verfügen. Dies kann durchaus bedeuten, dass Sie z. B. in Kooperation mit der IT-Abteilung Ihres Unternehmens neue Software anschaffen müssen, die noch vor Projektstart an allen relevanten Standorten ausgerollt werden muss.

> Nur wenn alle Projektbeteiligten in einem virtuellen Projekt über das notwendige technische Equipment verfügen und im Umgang mit allen eingesetzten Kommunikationsmitteln routiniert sind, ist eine effektive Projektkommunikation möglich.

Fehlendes Knowhow aufbauen

Es ist unwahrscheinlich, dass alle Projektbeteiligten das erforderliche Knowhow in allen Teilbereichen des Projekts mitbringen. Daher sollten Sie vor Projektstart mit allen Teammitgliedern Einzelgespräche führen, um herauszufinden, wie deren Status quo ist. Dabei können Sie klären, wer noch welche Trainingsmaßnahmen vor Projektstart benötigt. Dieser Knowhow-Aufbau kann sich z. B. auf die folgenden Bereiche beziehen:

- Fremdsprachen
- interkulturelle Kompetenz
- Software-Programme
- Medienkompetenz
- Moderation von Telefon- und Videokonferenzen sowie
- virtuellen Meetings und Online-Communities
- Konfliktmanagement und Mediation
- Fachkenntnisse zum Projekt
- Führung von (interkulturellen) virtuellen Teams insbesondere in größeren Projekten, bei denen es auch Teilprojektleiter gibt
- Projektmanagement

Rollen und Aufgaben verteilen

Die individuellen Vorgespräche sind für Sie eine gute Möglichkeit, Ihr Team besser kennenzulernen. Bei dieser Gelegenheit sollten Sie mit jedem Einzelnen über Präferenzen bezüglich bestimmter Medien und über seine konkrete Rolle im Projekt reden. Wichtig ist dabei, dass sich jeder vollständig mit seiner zukünftigen Projektrolle identifizieren kann. Das betreffende Teammitglied und Sie sollten ein einheitliches Verständnis von dessen Rolle und den dazugehörigen Aufgaben und Verantwortlichkeiten haben.

Zudem sollten Sie vor Projektstart Gespräche mit den Führungskräften Ihrer Teammitglieder führen. Dabei sollten Sie klären, welche zeitlichen Ressourcen jedem für das Projekt zur Verfügung stehen. Falls einige Mitarbeiter vor Projektstart bestimmte Weiterbildungsmaßnahmen benötigen, sollten Sie sich dabei ebenfalls mit deren Linienvorgesetzten abstimmen. Da die Dienstsitze dieser Führungskräfte wahrscheinlich rund um den Globus verteilt sind, werden die meisten dieser Abstimmungen auch virtuell stattfinden.

Teammitglieder vorstellen

Bereits vor dem offiziellen Projektstart können Sie dafür sorgen, dass sich Ihr Team im virtuellen Raum kennenlernt. Sie können z.B. im Intranet oder in einem abgeschlossenen virtuellen Projektraum eine Galerie einrichten. Wie in Social Media, z.B. bei Facebook, LinkedIn und XING, können sich Ihre Teammitglieder hier kurz vorstellen. Sie sollten ihnen einerseits ein paar Regeln für die Gestaltung dieser Profile mit auf den Weg geben, damit alle notwendigen Informationen enthalten sind. Andererseits sollte jedoch jeder die Freiheit haben, sein Profil individuell zu gestalten.

Folgende Punkte können Sie als Pflichtangaben für die Gestaltung eines Profils in einer virtuellen Galerie festlegen:

- Foto
- vollständige Kontaktdaten im Unternehmen
- fachliche Qualifikation
- Berufserfahrung
- bereits durchgeführte Projekte
- Rolle im Projekt

Folgende Punkte könnten dagegen optional sein:

- Angaben dazu, warum das Teammitglied in dem Projekt ist und welche Ziele es damit erreichen möchte
- Upload weiterer Fotos
- Angaben zu Hobbys
- Angaben zur Familie
- Links zu Profilen in Social Media wie XING, LinkedIn, Facebook, Twitter etc.
- Freitext für weitere Angaben zur Person

Um auf lockere Weise eine kleine Diskussion in Ihrem Team zu starten, könnten Sie z. B. auch eine Rubrik einführen, die wie folgt heißt: „Ich bin wahrscheinlich der Einzige im Team der ... kann/macht. " So lernen sich Ihre Teammitglieder besser kennen und vielleicht finden sich hierbei auch Gleichgesinnte, z. B. Menschen, die in ihrer Freizeit Karate machen oder gerne fotografieren. Zudem fördern Sie gleich zu Projektstart die Kommunikation zu neutralen Themen in Ihrem Team.

Wer interkulturelle virtuelle Teams führt, wird bald erkennen, wie unterschiedlich die Profile je nach kultureller Prägung sind. Viele Deutsche haben z. B. ihre Social-Media-Profile streng nach Beruflichem und Privatem getrennt. Eine Vernetzung mit Kollegen in XING ist für viele unproblematisch, während Facebook häufig nur dem privaten Kreis vorbehalten ist. In manchen Ländern ist es dagegen selbstverständlich, auch Kollegen in Facebook als „Freunde" hinzuzufügen und mit ihnen private Informationen zu teilen. Aufgrund dieser kulturellen Unterschiede sollten Sie die Pflichtangaben auf ein Minimum beschränken und den Großteil der Profilausgestaltung Ihren Teammitgliedern überlassen.

> Eine virtuelle Galerie mit den Profilen aller Projektbeteiligten erleichtert allen im Team das gegenseitige Kennenlernen. Räumen Sie Ihren Teammitgliedern relativ viele Freiheiten bei der Gestaltung ihrer Profile ein.

Führen über Ziele

Ein wichtiges Führungsinstrument in einem virtuellen Team ist das Führen über Ziele. Nur wenn alle Teammitglieder die Projektziele kennen, das gleiche Verständnis davon haben und sich mit diesen Zielen auch identifizieren können, werden Sie Ihr Projekt erfolgreich durchführen können. Zum einen sollten Sie in Abstimmung mit Ihren Mitarbeitern übergeordnete Teamziele formulieren, zum anderen sollten Sie aber auch mit jedem Einzelnen individuelle Ziele vereinbaren. Da sich virtuelle Teams selten persönlich treffen, ist es sehr wichtig, Ziele zu vereinbaren, die den Teammitgliedern wenig Interpretationsspielraum lassen.

Das Führen eines virtuellen Teams über klar definierte, für alle nachvollziehbare und von allen akzeptierte Ziele bringt folgende Vorteile mit sich:

- Ihre Teammitglieder können relativ autonom arbeiten und haben viele Freiheiten bei der Zielerreichung. Sie können auch unkonventionelle Wege einschlagen und so dem gesamten Team neue Lösungswege für bestimmte Aufgaben aufzeigen.

- Diese Art der Führung stärkt die Selbstverantwortung und Motivation Ihrer Mitarbeiter.

- Je selbstständiger die Teammitglieder die Aufgaben erledigen, desto mehr werden Sie in Ihrer Führungsrolle entlastet.

Die SMART-Formel

Anhand der SMART-Formel lassen sich Teamziele einfach und verständlich formulieren. Im Detail bedeutet diese Formel:

S = Spezifisch

M = Messbar

A = Akzeptiert, attraktiv

R = Realistisch

T = Terminiert

Spezifisch

In der Unternehmenspraxis gibt es bei manchen Zielvereinbarungen viel Raum für Interpretationen. Formulieren Sie die
Ziele so, dass alle Teammitglieder ein einheitliches Verständnis davon haben.

Beispiel

Unklar: Wir möchten in Zukunft mehr Umsatz mit E-Commerce
erzielen.

Spezifisch: Wir möchten über unsere Online-Shops für Kosmetik
und Mode, die sich an Zielgruppen in Deutschland, Österreich
und der Schweiz richten, im nächsten Geschäftsjahr eine 20-pro-
zentige Umsatzsteigerung erzielen.

Messbar

Um den Erfolg Ihres Projekts kontrollieren zu können, müssen Sie
in Kooperation mit Ihren Teammitgliedern messbare Ziele formulieren. Wenn Ziele in Zahlen ausgedrückt sind, steht deren
Messbarkeit außer Frage. Im Beispiel oben ist von einer geplanten Umsatzsteigerung von 20 % über verschiedene Online-
Shops die Rede. Alle Projektbeteiligten können anhand dieser
Zielvereinbarung genau nachvollziehen, bis zu welchem Grad das
anvisierte Ziel erreicht wurde. Die Messbarkeit von qualitativen
Zielen in einem virtuellen Projekt ist jedoch etwas schwieriger.

Beispiel

Yasmina Roth und ihre Teammitglieder haben beim Kick-off-
Meeting ihres globalen Social-Media-Projekts ihre Ziele fest-
gelegt. Ein Ziel lautet: „Wir möchten ein harmonisches Arbeitsumfeld schaffen, in dem sich alle Teammitglieder frei entfalten
können und das von gegenseitiger Wertschätzung geprägt ist."

Dabei gibt es folgende Herausforderungen:

- Wie kann die Führungskraft in einem virtuellen Team herausfinden, ob ihre Teammitglieder das Arbeitsumfeld als harmonisch empfinden?

- Emotionen sind subjektiv. Was der eine vielleicht noch als harmonisch empfindet, ist für den anderen bereits unangenehm.

- Wie lassen sich generell diese weichen Faktoren messen?

- Wie geht ein Teammitglied damit um, wenn es mit seiner Führungskraft ein zwischenmenschliches Problem hat und daher dieses Thema bewusst nicht mit der Führungskraft besprechen möchte?

Pauschallösungen für die Messbarkeit von qualitativen Projektzielen gibt es leider nicht. Sie können jedoch um externe Unterstützung bitten und einige Hilfsmittel einsetzen, um solche Faktoren besser einschätzen zu können.

Beispiel

Yasmina Roth könnte in der virtuellen Kommunikation „Stimmungsbarometer" und „Stressbarometer" einführen, die die Mitarbeiter am Ende ihrer Mails in regelmäßigen Abständen verwenden. Ampelfarben haben sich dabei bewährt: Grün = alles OK, Gelb = mäßig, Achtung, etwas ist nicht in Ordnung und Rot = schlechte Stimmung bzw. hohes Stress-Level. Diese Barometer sind jedoch nur Hilfsmittel. Um größere Konflikte und Eskalationen im Team zu vermeiden, könnte sie von Anfang an einen externen Projektcoach mit ins Boot holen. Dieser begleitet das Projektteam während der gesamten Laufzeit und kann bei Bedarf die Führungskraft oder das gesamte Team coachen. So kann Yasmina Roth z. B. bei Projektbeginn festlegen, dass der externe Projektcoach immer dann kontaktiert wird, wenn das Stimmungsbarometer bei mehr als zwei Teammitgliedern Rot anzeigt.

Akzeptiert/attraktiv

In einigen Unternehmen werden manchmal sehr unrealistische Ziele vorgegeben, ohne Rücksprache mit den verantwortlichen Führungskräften. Oft befinden sich diese in einer klassischen Sandwich-Position. Die unattraktiven Ziele wurden ihnen vom Topmanagement – das oft die Rahmenbedingungen des Projekts nur sehr oberflächlich kennt – diktiert. Dies führt dazu, dass sich die Führungskraft mit den vorgegebenen Zielen nicht identifizieren kann. Nichtsdestotrotz muss sie die Ziele der Auftraggeber, von denen sie selbst nicht überzeugt ist, an ihre Teammitglieder weitergeben.

Solche Projekte sind in den meisten Fällen von vornherein zum Scheitern verurteilt. Wenn Sie sich als Führungskraft von Anfang an nicht mit den übergeordneten Zielen des Projekts identifizieren können, sollten Sie die betreffende Projektrolle nicht übernehmen. Denn Ihre Teammitglieder werden Ihre mangelnde Identifikation mit dem Projekt spüren.

Um dies zu vermeiden, sollte auf allen Ebenen ein partizipativer Führungsstil angewandt werden. Dies bedeutet zum einen, dass die Auftraggeber die Führungskraft des virtuellen Teams bei der Festlegung der übergeordneten Projektziele miteinbeziehen. Zum anderen sollte die Teamleitung alle Teilziele gemeinsam mit allen Teammitgliedern verabschieden. Denn nur so können Sie Ihre Mitarbeiter mittel- und langfristig motivieren.

Ein partizipativer Führungsstil ist insbesondere in virtuellen Teams sehr wichtig. Denn im Gegensatz zu Präsenzteams ist es hier für Sie sehr viel schwieriger herauszufinden, welche

Teammitglieder tatsächlich hochmotiviert sind und welche nicht. Zudem haben die Mitarbeiter deutlich mehr Eigenverantwortung als in Präsenzteams und oft eine Vertrauensarbeitszeit. Sofern sie nicht vollkommen von ihren Projektaufgaben überzeugt sind, ist es wahrscheinlich, dass sie die erforderlichen Ergebnisse nicht rechtzeitig oder gar nicht in der gewünschten Qualität erbringen.

Realistisch

Unrealistische Ziele können zum Motivationskiller für Ihr virtuelles Team werden.

Beispiel

 Wir möchten den Umsatz unseres Online-Shops innerhalb von zwei Monaten um 80 % steigern.

Solche Projektziele, die offensichtlich nicht erreichbar sind, werden zur Motivationsbremse. Dies reicht von einer schlechten Stimmung im Team bis zur inneren Kündigung. Daher sollten Sie in Kooperation mit allen Beteiligten realistische Ziele vereinbaren, die von allen mitgetragen werden.

Terminiert

Damit Sie in der Lage sind, Ihre Ziele zu kontrollieren, müssen Sie Termine festlegen. Größere Projekte werden in der Regel in Teilprojekte und Arbeitspakete sowie mehrere Projektphasen aufgeteilt. Sie sollten für die verschiedenen Projektphasen Zwischentermine festlegen. Durch ein engmaschiges Controlling wird schnell erkennbar, ob die verschiedenen Teilprojekte noch „in time" sind. Projektpläne sollten immer Pufferzeiten enthalten, damit Sie auf unvorhergesehene Ereignisse adäquat reagieren können. Dazu gehört es z.B. auch, dass Sie Ferientermine und nationale Feiertage in anderen Ländern berücksichtigen.

Ziele immer schriftlich vereinbaren

Damit für alle Projektbeteiligten nicht nur Transparenz, sondern auch Verbindlichkeit entsteht, sollten Sie die gemeinsam festgelegten Ziele schriftlich festhalten.

Innerhalb eines Unternehmens gibt es folgende Ebenen von Zielen:

- Unternehmensziele
- Ziele der diversen Bereiche der Linienorganisation
- Ziele verschiedener abteilungs- und unternehmensübergreifender Projekte
- individuelle Ziele, die in der Regel die Linien-Führungskräfte mit ihren Mitarbeitern vereinbaren

Es ist sehr wichtig, dass die Projektziele zu den übergeordneten Zielen des Unternehmens und zu den Zielvereinbarungen passen, die jedes Teammitglied mit seiner Linienführungskraft getroffen hat. Ob Ihre Teammitglieder hinter den Team- und Projektzielen stehen, merken Sie sehr schnell, wenn Sie pro Ziel ein Formblatt vorbereiten und dies von allen unterschreiben lassen.

Muster: Formblatt zur Zielvereinbarung

Name des Projekts:

Führungskraft:

Teammitglieder:

Aufgaben des Teams:

Art des Ziels:

Quantität ☐ Qualität ☐ Finanzen ☐

Service ☐ Innovation ☐ Produktion ☐

Customer Relationship Management ☐

Vertrieb ☐ Marketing ☐ Public Relations ☐

Partner Relationship Management ☐

Human Resources ☐

Employee Relationship Management ☐

Employer Branding ☐ Image ☐

Corporate Social Responsibility ☐

Sonstiges:

Beschreibung des Ziels:

Rahmenbedingungen (z. B. Budget, zeitlicher Rahmen, Anzahl der Teammitglieder):

Messkriterien für die Zielerreichung (z. B. Ist-Umsatz/Soll-Umsatz):

Zwischentermine und Endtermin:

Sonstige Anmerkungen:

Diese Zielvereinbarung wurde am ... zwischen dem Auftraggeber des Projekts ... (Unterschrift) und der Führungskraft ... (Unterschrift) und den Teammitgliedern ... (Unterschriften aller Teammitglieder) geschlossen.

Sie beginnt am ... und endet am ...

Zielerreichung: ☐ Nicht erreicht ☐ Erreicht ☐ Übertroffen

.Im Idealfall veranstalten Sie ein persönliches Kick-off-Meeting und besprechen dort mit Ihren Teammitgliedern die gemeinsamen Ziele. Falls dies nicht möglich ist, können Sie diese Formulare den Mitarbeitern auch per E-Mail zur Unterschrift zukommen lassen. In jedem Fall ist es wichtig, dass Sie die unterschriebenen Formulare einscannen und an einem repräsentativen Ort in Ihrem digitalen Projektverzeichnis ablegen. Denn dann können sich auch Teammitglieder, die später hinzukommen, sofort ein Bild über die Ziele machen.

Wirksame Erfolgskontrolle installieren

Viele Methoden der Erfolgskontrolle von Präsenzteams kommen für virtuelle Teams nicht in Frage, da Sie Ihre Mitarbeiter wahrscheinlich nur in größeren zeitlichen Abständen persönlich treffen werden. Daher sind der Zielvereinbarungsprozess und das gemeinsame Commitment zu Beginn des Projekts sehr wichtig. Ein weiterer Erfolgsfaktor für ein optimales Projektcontrolling sind klar definierte Rollen, Prozesse, Aufgaben und Verantwortlichkeiten. Nur wenn alle Projektbeteiligten ein einheitliches Verständnis von diesen Punkten haben, ist ein effektives Arbeiten möglich. Analog zu den Stellenbeschreibungen von Linienfunktionen sollten Sie bereits im Staffing-Prozess Beschreibungen der gewünschten Projektrollen verfassen.

Die Projektdokumentation

Eine gut strukturierte und für alle Teammitglieder nachvollziehbare Projektdokumentation erleichtert allen Beteiligten die Arbeit. Zudem ist sie für Sie ein effektives Controlling-Instrument, da Sie anhand der Ergebnisdokumente den Projektvorschritt kontrollieren können. Daher sollten Sie zu Beginn des Projekts – idealerweise in einem persönlichen Kick-off-Meeting – gemeinsam mit Ihrem Team eine sinnvolle Struktur der Projektdokumentation abstimmen, in der alle relevanten Dokumente nach bestimmten Regeln abgelegt werden. Eine transparente Projektdokumentation erleichtert auch Mitarbeitern, die nicht von Anfang an dabei sind, den Einstieg.

Status-Updates über verschiedene Kanäle

Auch ist es zur Erfolgskontrolle unerlässlich, dass Sie regelmäßig virtuelle Teammeetings sowie Telefon- oder Videokonferenzen durchführen, damit sich alle Beteiligten über den Status aller Teilprojekte informieren können. Dies dient auch dem Austausch untereinander und hilft Ihnen, besondere Herausforderungen und Probleme frühzeitig zu erkennen.

Zudem werden Sie feststellen, dass regelmäßige Telefonate und/oder Chats oft effektiver sind als viele lange E-Mails. Klären Sie am besten zu Beginn des Projekts, welches die bevorzugten Kommunikationskanäle jedes Einzelnen sind. Bei diesem Punkt gibt es manchmal große kulturelle Unterschiede.

Die Herausforderung für Sie besteht darin, Ihren Mitarbeitern möglichst viel Eigenverantwortung zu übertragen, andererseits aber auch dafür zu sorgen, dass alle Projektziele erreicht werden. Wahrscheinlich werden Sie Ihren Führungsstil auch den Bedürfnissen Ihrer Teammitglieder anpassen müssen. Während der eine möglichst viele Freiheiten haben möchte, wird ein anderer vielleicht schon bei kleineren Herausforderungen das Gespräch mit Ihnen suchen.

Wie Sie Ihr Team gezielt entwickeln

Teams sind keine starren Instanzen, sondern unterliegen kontinuierlichen Veränderungen. Während ihres Entwicklungsprozesses durchlaufen sowohl Präsenzteams als auch virtuelle Teams folgende Phasen, die der US-amerikanische Psychologe Bruce W. Tuckman identifizierte:

- Forming (Orientierungsphase)
- Storming (Konfrontationsphase)
- Norming (Kooperationsphase)
- Performing (Wachstumsphase)

Phasen der Teamentwicklung

Forming

In der Orientierungsphase lernen sich die Teammitglieder gegenseitig kennen und übernehmen ihre Rollen und Aufgaben. Diese Phase ist durch ein vorsichtiges Herantasten aneinander und den Aufbau von Vertrauen geprägt. In einem virtuellen Team kann diese Phase länger dauern als in einem Präsenzteam, da sich viele Teammitglieder wahrscheinlich noch nicht kennen und der Vertrauensaufbau durch die räumliche Distanz erschwert ist. Um einen optimalen Verlauf der Forming-Phase zu gewährleisten, ist ein Kick-off-Meeting empfehlenswert, in dem sich alle persönlich kennenlernen. Zudem kann ein abendliches Rahmenprogramm den Vertrauensaufbau im Team zusätzlich fördern.

To-do-Liste für die Forming-Phase

- Führen Sie ausführliche Gespräche über die Ziele und treffen Sie Zielvereinbarungen mit dem Team und mit jedem einzelnen Teammitglied.

- Forcieren Sie das gegenseitige Kennenlernen, z. B. durch ein Kick-off-Meeting und eine virtuelle Galerie.

- Legen Sie gemeinsam mit dem Team Spielregeln für die Zusammenarbeit und eine Netiquette für die virtuelle Kommunikation fest.

- Verbinden Sie das Kick-off-Meeting mit einer Teambuilding-Maßnahme.

Storming

In der Konfrontationsphase, dem Storming, treten in der Regel die ersten Konflikte im Team auf. Diese Phase ist geprägt durch Machtkämpfe. Viele kommunizieren in dieser Phase recht offen. Wenn Sie ein interkulturelles Team führen, werden Sie wahrscheinlich feststellen, dass Ihre Teammitglieder je nach kultureller Prägung recht unterschiedlich mit diesen Unstimmigkeiten umgehen. Die Bandbreite reicht hier von aggressivem Verhalten über offene Rebellion bis hin zu Fluchttendenzen und Totstellen. In der Storming-Phase werden Sie Ihr Team sehr gut kennenlernen. Meist kommen hier kulturelle Unterschiede und unterschiedliche Sichtweisen deutlich zum Ausdruck. Manche Teams scheitern bereits an den Konflikten in der Storming-Phase. Im Worst Case geben Sie Ihren Projektauftrag ab oder einige Key Player steigen aus dem Projekt aus. Wenn Sie jedoch Ihre Hausaufgaben zu Projektbeginn gemacht haben – z. B. ein ausführliches Kick-off-Meeting mit persönlichem Kennenlernen sowie eine klare Definition von Rollen, Aufgaben und Zielen –, werden Sie mit Ihrem Team diese turbulente Phase erfolgreich bewältigen.

To-do-Liste für die Storming-Phase

- Planen Sie einen ausreichend großen Zeitpuffer im Projektplan für die „Beziehungsarbeit" in der Storming-Phase ein.

- Achten Sie auf Stimmungen und leise Töne in der virtuellen Kommunikation, um Konflikte frühzeitig zu erkennen.

- Führen Sie bei Bedarf ausführliche One-to-One-Gespräche.

- Ziehen Sie einen externen Team-Coach oder Mediator hinzu, bevor Konflikte eskalieren.

Norming

In dieser Phase glätten sich die Wogen der Storming-Phase. Das Team entwickelt ein Wir-Gefühl. Rollen und Aufgaben sind geklärt und werden akzeptiert. Es herrscht ein freundschaftliches Klima vor. Die Spielregeln sind allen bekannt und werden eingehalten. Im Vergleich zu Präsenzteams dauert es wahrscheinlich länger, bis Ihr Team die Norming-Phase erreicht. Dies hängt meist mit seiner Heterogenität zusammen. Hinzu kommt, dass der Kennenlernprozess in einem virtuellen Team länger dauert, da sich die Teammitglieder selten oder gar nicht persönlich treffen. Zudem ist es möglich, dass einige mit den virtuellen Kommunikationsmitteln zu Beginn des Projekts noch nicht vertraut sind und sich erst an diese Art der Kommunikation gewöhnen müssen.

To-do-Liste für die Norming-Phase

- Achten Sie sehr darauf, dass die Spielregeln von allen eingehalten werden.

- In der virtuellen Kommunikation spielt insbesondere die Netiquette eine große Rolle. Treten Sie als Moderator Ihrer virtuellen Projekt-Community auf und fordern Sie die Einhaltung der Netiquette immer wieder ein.

- Achten Sie darauf, dass Hol- und Bringschulden in Ihrem Team wie vereinbart erfüllt werden.

- Forumsdiskussionen, Chats, Projektblogs etc. spiegeln die Stimmung in Ihrem Team wider. Analysieren Sie die Aktivitäten in diesen virtuellen Tools regelmäßig.

Performing

In dieser Phase sind alle relevanten Rahmenbedingungen geklärt. Ihr Team ist jetzt in der Lage, Spitzenleistungen zu erbringen. Alle haben sich an die Kommunikationsmittel gewöhnt und sind versiert im Umgang mit den modernen Medien. Teammitglieder aus anderen Kulturen oder mit anderen Sichtweisen werden von den anderen als Bereicherung angesehen. Die Mitarbeiter sind in der Regel stolz darauf, ein Teil dieses Teams zu sein. Das Wir-Gefühl steht im Vordergrund. Alle arbeiten sehr unabhängig und selbstbestimmt.

To-do-Liste für die Performing-Phase

- Geben Sie Impulse für die Weiterentwicklung Ihres virtuellen Teams. Regen Sie z. B. die gezielte Dokumentation und Weitergabe von Best Practices an andere Teams an, dadurch werden Ihre Teammitglieder zu Multiplikatoren im Unternehmen.

- Schlagen Sie vor, dass sich verschiedene Teammitglieder beim Kompetenzaufbau gegenseitig unterstützen, z. B. in virtuellen Lernpartnerschaften (E-Tandems).

- Führen Sie mit jedem Einzelnen in regelmäßigen Abständen Feedback-Gespräche.

- Achten Sie darauf, dass alle ausreichend Anerkennung erhalten und feiern Sie Erfolge gemeinsam.

Die Phasen der Teamentwicklung sind nicht starr, sie überlappen sich manchmal und jedes Teammitglied nimmt sie außerdem unterschiedlich wahr. Zudem ist es möglich, dass ein Team die Phasen mehrmals durchläuft, z.B. wenn neue Teammitglieder integriert werden oder sich relevante Rahmenbedingungen ändern.

Maßnahmen zur Teamentwicklung

Neben den oben dargestellten Methoden – wie z.B. dem virtuellen Stimmungsbarometer –, die zur Analyse der Stimmung in Ihrem Team dienen, können Sie auch in regelmäßigen Abständen anonyme Befragungen in Ihrem Team durchführen. Um die Anonymität zu gewährleisten, können Sie sich dabei z.B. auch die Unterstützung von externen Beratern oder Coachs holen.

Eine solche anonyme Befragung hat den Vorteil, dass auch zurückhaltende Teammitglieder oder solche aus Kulturen, in denen nicht offen kommuniziert wird, ihre ehrliche Meinung zum Team mitteilen können, ohne dabei das Gesicht zu verlieren. Daher ist die anonyme Teambefragung insbesondere für interkulturelle virtuelle Teams sehr gut geeignet. Auf Basis der Ergebnisse einer solchen Befragung erkennen Sie dann sehr schnell die Stärken und Schwächen Ihres Teams und in welchen Feldern Handlungsbedarf besteht.

Die identifizierten Schwachstellen können dann durch gezielte Maßnahmen behoben werden. Dazu zählen z.B.:

- Einzelcoaching der Führungskraft
- Führungstraining der Führungskraft

- Teamcoaching
- allgemeines Teamtraining
- interkulturelles Training
- Diversity-Training
- Training zum Aufbau von Medienkompetenz
- Mediation
- Mentoring: Eine erfahrene Person (Mentor) gibt ihr fachliches Wissen und ihre Erfahrung an eine unerfahrene Person (Mentee) weiter

Personalentwicklung in virtuellen Teams

Personalentwicklungsmaßnahmen sollten eine hohe Priorität in Ihrem Unternehmen haben. Firmen können sich den entscheidenden Vorsprung vor den Mitbewerbern mittel- und langfristig nur sichern, wenn sie sehr gut qualifizierte Mitarbeiter haben. Ziele der Personalentwicklung sind z.B.:

- Motivation der Teammitglieder
- Förderung und Ausbau der verschiedenen Kompetenzen
- Erstellung eines individuellen Entwicklungsplans für jedes Teammitglied, der zu den übergeordneten Zielen des Unternehmens passt

Beurteilungsgespräch in einem virtuellen Linienteam

Wenn Sie ein virtuelles Linienteam führen, haben Sie Personalverantwortung für Ihre Teammitglieder. Daher sollten Sie mindestens einmal jährlich mit jedem ein ausführliches Beurteilungsgespräch führen, in dem Sie gemeinsam analysieren, ob die anvisierten Ziele erreicht wurden. Zudem werden Sie gemeinsam neue Ziele für das kommende Geschäftsjahr festlegen und mit Ihrem Mitarbeiter einen mittel- und langfristigen Entwicklungsplan verabschieden. Als Linienvorgesetzter steht Ihnen auch ein entsprechendes Budget für Personalentwicklungsmaßnahmen zur Verfügung.

Da dieses Gespräch für Ihre Teammitglieder von großer Bedeutung ist und maßgeblich deren weitere Karriereentwicklung beeinflusst, sollten Sie es mit einem persönlichen Treffen verbinden. Das jährliche Mitarbeitergespräch bietet eine gute Gelegenheit, jeden vor Ort an seinem Arbeitsplatz aufzusuchen, um sich auch ein Bild von den räumlichen Rahmenbedingungen zu machen. Zudem spiegelt es Ihren Teammitgliedern Ihre Wertschätzung wider, wenn Sie sie als vielbeschäftigte Führungskraft persönlich aufsuchen, um mit ihnen über ihre Karriereentwicklung zu sprechen.

In der Regel laufen diese jährlichen oder halbjährlichen Beurteilungsgespräche auf Basis von Formularen und Leitfäden ab, welche die Personalabteilung Ihres Unternehmens entwickelt hat.

Nur im absoluten Notfall sollten Sie in Ihrer Rolle als Linienvorgesetzter diese wichtigen Beurteilungsgespräche mit Hilfe von modernen Medien führen. Welche Medien Sie für One-to-One-Gespräche idealerweise einsetzen, erfahren Sie im Kapitel „Kommunikation und Medien".

> Wenn Sie ein virtuelles Linienteam führen, sollten Sie mehrere persönliche Treffen pro Jahr mit Ihren Mitarbeitern einplanen. Im Idealfall führen Sie das jährliche Beurteilungsgespräch mit jedem Teammitglied vor Ort an dessen Arbeitsplatz.

Beurteilungsgespräch in einem virtuellen Projektteam

In einem virtuellen Projektteam haben Sie keine Personalverantwortung für Ihre Teammitglieder. In der Regel wird Ihr Team nur temporär zusammenarbeiten, um ein bestimmtes Projekt abzuwickeln. Nichtsdestotrotz sollten Sie einen guten Kontakt zu den Linienvorgesetzten Ihrer Teammitglieder pflegen, um stets über wichtige Fakten, wie z. B. parallel laufende Projekte, informiert zu sein.

Die jährlichen Beurteilungsgespräche werden nicht Sie, sondern die Linienvorgesetzten führen. Gleichwohl haben Sie indirekt erheblichen Einfluss auf die Beurteilung und weitere Karriereentwicklung Ihrer Teammitglieder – insbesondere dann, wenn einige von ihnen über einen längeren Zeitraum zu 100 % für Ihr Projekt tätig sind. Es ist Aufgabe Ihrer Teammitglieder, rechtzeitig vor dem jährlich stattfindenden Beurteilungsgespräch ausführliche Feedbacks bei Ihnen einzuholen. Sie müssen die Leistungen und Kompetenzen jedes Einzelnen beurteilen. Wenn möglich, sollten Sie das Projektfeedback in einem persönlichen Gespräch erläutern. Die Realität sieht jedoch meist anders aus – insbesondere dann, wenn es sich um ein globales Team handelt, in dem der Projektleiter und das Teammitglied weit entfernt voneinander arbeiten.

In diesem Fall werden Feedbackbögen meist per E-Mail verschickt. Selbst wenn Sie Ihrem Mitarbeiter ein ausgezeichnetes Projektfeedback geben, sollten Sie die Gelegenheit nutzen und ihm die wichtigsten Punkte aus dem Feedbackbogen in einem One-to-One-Gespräch erläutern. Dies ist auch eine gute Gelegenheit, jedem Einzelnen für dessen Einsatz im Projekt zu danken und Lob und Anerkennung auszusprechen.

Um die Motivation Ihrer Teammitglieder zu fördern, können Sie unabhängig von den jährlichen Beurteilungsgesprächen – z. B. nach Erreichen von bestimmten wichtigen Milestones – E-Mails an einen größeren Verteiler im Unternehmen schicken und Ihrem Team Lob und Anerkennung für das erreichte Teilziel aussprechen. Dabei können Sie die Linienvorgesetzten in Kopie setzen, wodurch diese regelmäßig über die Leistungen ihrer Mitarbeiter informiert werden.

> Auch als Führungskraft ohne Personalverantwortung haben Sie einen großen Einfluss auf die Karriereentwicklung Ihrer Mitarbeiter. Pflegen Sie regelmäßige Kontakte mit den Linienvorgesetzten Ihrer Teammitglieder und nehmen Sie sich ausreichend Zeit, um Projektfeedbackbögen auszufüllen und diese in One-to-One-Gesprächen zu erläutern.

Kompetenzaufbau

In Kapitel „Besetzung von virtuellen Teams" konnten Sie sich bereits einen Überblick verschaffen, welche Kompetenzen für Sie und für Ihre Teammitglieder am wichtigsten sind. Es gibt vielfältige Möglichkeiten, diese Kompetenzen aufzubauen. Folgende Arten von Personalentwicklungsmaßnahmen kommen z.B. bei virtuellen Teams in Frage:

- Präsenztrainings
- Blended Learning: Kombination aus Präsenztraining und E-Learning
- E-Learning
- Team-Coaching
- Einzel-Coaching
- Mentoring
- Tandem-Learning: Zwei Teammitglieder unterstützen sich gegenseitig beim Aufbau von verschiedenen Kompetenzen

Welche Personalentwicklungsmaßnahmen für Sie und Ihre Teammitglieder passen, hängt von folgenden Faktoren ab:

- inhaltlicher Schwerpunkt der Maßnahme
- Vorlieben und Abneigungen des Teammitglieds gegenüber bestimmten Methoden
- bestehendes Angebot an Personalentwicklungsmaßnahmen im Unternehmen
- Budget
- technische Rahmenbedingungen
- räumliche Entfernung der Teammitglieder voneinander
- Sprachkenntnisse der Teammitglieder

Führen Sie vor Projektstart mit jedem Teammitglied ein Gespräch über individuelle Personalentwicklungsmaßnahmen und den Aufbau von fehlenden Kompetenzen. Greifen Sie dieses Thema auch beim Kick-off-Meeting mit dem gesamten Projektteam auf.

Die virtuelle Personalentwicklung

Nicht nur in Unternehmen, die viele virtuelle Teams haben, geht der Trend in Richtung virtuelle Personalentwicklung. Viele Firmen wollen folgende Kosten reduzieren:

- Kosten für Präsenztrainings inklusive externer Räume
- Reisekosten für Teilnehmer und Trainer
- Verdienstausfall der Teilnehmer, da die Präsenztrainings und andere Maßnahmen in der Regel während der Arbeitszeit stattfinden

Es gibt eine große Vielfalt an virtuellen Personalentwicklungsmaßnahmen:

- Webcasts: Vorträge über das Internet, wobei die Zuhörer oft die Möglichkeit haben, dem Vortragenden via Chatmodul während des Vortrags Fragen zu stellen.
- Webinare: Seminare, die über das World Wide Web gehalten werden. Wie in einem Präsenzseminar können hierbei Seminarleiter und Teilnehmer miteinander kommunizieren, z.B. via Chat.
- Web Based Trainings: Trainingsmodule zu verschiedenen Themen, welche die Teilnehmer in der Regel zeit- und raumunabhängig durchführen können.

- E-Tandems: Lernpartnerschaften zwischen zwei Personen, die über unterschiedliche Kompetenzen verfügen und sich gegenseitig beim Knowhow-Aufbau unterstützen. Tandem-Lernen eignet sich u.a. zum Aufbau von Fremdsprachenkenntnissen sehr gut.

- E-Mentoring: Ein Profi gibt sein Erfahrungswissen an eine unerfahrene Person weiter.

- E-Coaching: Ein Coach unterstützt seinen Coachee bei der Entwicklung und Umsetzung von persönlichen Zielen und Perspektiven.

- Projektbezogene Personalentwicklungsmaßnahmen wie z.B. FAQ (= Frequently Asked Questions) oder Best Practices für bestimmte Projektphasen, wiederverwendbare Formulare und andere Dokumente, die im virtuellen Projektverzeichnis hinterlegt werden.

Bei einigen virtuellen Personalentwicklungsmaßnahmen – z.B. beim E-Coaching, E-Mentoring und E-Tandem – ist es von großer Bedeutung, dass die Chemie zwischen den Interaktionspartnern stimmt und es ein persönliches Vertrauensverhältnis gibt. Daher sollten die Partner sich vorab persönlich kennenlernen.

Auf einen Blick: Teams über Distanz führen

- Viele Führungsmethoden, die in einem Präsenzteam bestens funktionieren, eignen sich für virtuelle Teams häufig nicht, so z.B. wöchentliche persönliche Meetings mit Status-Updates.

- Umso bedeutender ist es, feste Rahmenbedingungen für das Projekt zu schaffen und klare Ziele zu definieren, mit denen sich alle Mitarbeiter identifizieren können. Zudem ist es sehr wichtig, Rollen, Prozesse, Aufgaben und Verantwortlichkeiten eindeutig zu definieren und Richtlinien für die Projektdokumentation zu etablieren.

- Auch virtuelle Teams durchlaufen bestimmte Teamentwicklungsphasen. Jede Phase bringt spezifische Herausforderungen mit sich. Führungskräfte sollten alle Mitarbeiter für den Teamentwicklungsprozess sensibilisieren und ihnen mit Rat und Tat zur Seite stehen.

- Kompetenzaufbau und Personalentwicklung können auch virtuell stattfinden, z.B. durch E-Coachings oder Webinare.

Kommunikation und Medien

Moderne Medien spielen in virtuellen Teams eine große Rolle. Ebenso wichtig ist die Einhaltung bestimmter Spielregeln. Nur so ist eine effektive Kommunikation möglich.

In diesem Kapitel erfahren Sie,

- wie Sie sprachliche, interkulturelle und medienspezifische Probleme meistern,
- welche Kommunikationsmittel und Software sich eignen,
- wie Sie Medienkompetenz aufbauen und
- warum der persönliche Kontakt so wichtig ist.

Herausforderungen bei der Kommunikation

Sofern Ihr Team interkulturell zusammengesetzt ist, müssen Sie folgenden Punkten Ihre Aufmerksamkeit widmen:

- unterschiedliche Sprachen
- kulturelle Unterschiede in der Kommunikation
- digitale Kluft
- medienspezifische Probleme

Sprache

In interkulturellen virtuellen Teams wird meist Englisch als gemeinsame Projektsprache, als sog. Lingua franca, verwendet. In den meisten internationalen Unternehmen können theoretisch alle Mitarbeiter Englisch in Wort und Schrift. In der Praxis ist es jedoch manchmal so, dass viele nur durchschnittliche Englischkenntnisse haben. Dies führt dazu, dass sie z. B. in besonderen Situationen – wie Telefonkonferenzen mit englischen Muttersprachlern, die sehr schnell und undeutlich sprechen – Verständigungsprobleme haben. Zudem reicht ihr Wortschatz manchmal nicht aus, um komplexe Sachverhalte adäquat schriftlich und mündlich darzustellen.

False Friends führen zu Missverständnissen

Eine nie versiegende Quelle für sprachliche Missverständnisse sind sog. False Friends. Damit bezeichnet man ein Wortpaar aus der Muttersprache und einer Fremdsprache, das sehr ähnlich geschrieben oder ausgesprochen wird, aber jeweils eine vollkommen andere Bedeutung hat. Solche False Friends können zu Übersetzungsfehlern verleiten und zu sprachlichen Missverständnissen führen.

Beispiel

Das englische Wort „Website" wird oft fälschlicherweise mit „Webseite" übersetzt. Die korrekte Übersetzung ist jedoch Webpräsenz, da es sich bei einer Website nicht nur um eine einzelne Seite im Web handelt. Auch bei den Adjektiven gibt es einige False Friends, wie z. B. „sensible", was nicht „sensibel" bedeutet, sondern vernünftig bzw. sinnvoll.

Diese False Friends gibt es jedoch nicht nur in der englischen und der deutschen Sprache, sondern auch in anderen Sprachen.

Beispiel

Das spanische Wort „éxito" und das englische Wort „exit" sind sich sehr ähnlich. „Éxito" ist jedoch das spanische Wort für Erfolg und „exit" bedeutet Ausgang.

Wenn die Mitglieder eines virtuellen Teams viele verschiedene Muttersprachen haben, ist die Wahrscheinlichkeit sprachlicher Missverständnisse relativ groß – insbesondere dann, wenn die Mitarbeiter zu Beginn des Projekts noch über keine ausreichenden Englischkenntnisse verfügen.

Fremdsprachen machen langsamer

Es ist ein sehr großer Unterschied, ob jemand in einem Projekt kontinuierlich in seiner Muttersprache oder in der Fremdsprache kommuniziert. Selbst Menschen, die Englisch sehr gut beherrschen, brauchen in der Regel mehr Zeit als Muttersprachler, wenn sie komplexe Sachverhalte dokumentieren müssen. Zudem unterscheidet sich die Redegewandtheit von Muttersprachlern und Nicht-Muttersprachlern deutlich, was insbesondere in Telefon- und Videokonferenzen, aber auch beim Konfliktmanagement zum Ausdruck kommt. Die folgende Liste hilft Ihnen dabei, Sprachschwierigkeiten im Team zu meistern.

To-do-Liste: Sprache

- Prüfen Sie vor Projektstart die Sprachkenntnisse Ihrer potenziellen Teammitglieder in Wort und Schrift (z. B. durch Tests und Interviews in der Fremdsprache).

- Bieten Sie in Kooperation mit den Linienvorgesetzten bei Bedarf Sprachtrainings an.

- Sensibilisieren Sie Muttersprachler für die Herausforderungen der Projektkommunikation in der Fremdsprache.

- Bitten Sie Muttersprachler in Telefon- und Videokonferenzen langsam, deutlich und möglichst dialektfrei zu sprechen.

- Räumen Sie Nicht-Muttersprachlern in Chats, Telefon- und Videokonferenzen ausreichend Zeit ein, um ihre Standpunkte darzulegen.

- Planen Sie für die Erstellung komplexer Dokumente mehr Zeit im Projektplan ein, wenn diese von Nicht-Muttersprachlern verfasst werden.

- Regen Sie die Bildung von (E-)Tandems zum Sprachenlernen an (englische Muttersprachler könnten z. B. Spanisch oder Deutsch lernen).

- Achten Sie auf die Problematik der False Friends in der Kommunikation und klären Sie sprachliche Missverständnisse sofort.

Kulturelle Unterschiede in der Kommunikation

Menschen aus anderen Ländern sprechen nicht nur andere Sprachen, sondern auch die Lautstärke und das Sprechtempo unterscheiden sich von Kultur zu Kultur. Diese Unterschiede zeigen sich auch dann, wenn alle Teammitglieder eine gemeinsame Projektsprache verwenden. In diesem Fall kommen noch Unterschiede bei der Aussprache und die länderspezifischen Akzente sowie regionale Färbungen ein- und derselben Sprache hinzu. Außerdem haben bestimmte Gesten in anderen Kulturen vollkommen andere Bedeutungen.

Beispiel

 Handzeichen unterscheiden sich je nach Land und Kultur sehr stark. Während das Handzeichen „Daumen hoch" in der westlichen Welt „Alles klar" bedeutet, wird es im Mittleren Osten als Beleidigung gewertet.

Emoticons

Auch in der Kommunikation via E-Mail und Chat kann es zu interkulturellen Missverständnissen kommen, z. B. bei der Verwendung von sog. Emoticons. Diese werden aus Satzzeichen gebildet, um in der schriftlichen elektronischen Kommunikation Stimmungen und Gefühle auszudrücken. Das bekannteste Emoticon in der westlichen Welt ist der Smiley :-)

In einigen Ländern und Kulturen gibt es andere oder zusätzliche Emoticons.

Beispiel

 In Japan gibt es sogar Emoticons für männliches und weibliches Lachen:

(ˆ_ˆ) Lachen männlich

(ˆ.ˆ) Lachen weiblich

Zudem sind oft nicht alle verwendeten Emoticons allen Teammitgliedern bekannt.

Vorlieben für bestimmte Medien

Während Deutsche häufig lange und ausführliche E-Mails schreiben, ziehen Teammitglieder aus anderen Ländern eventuell Telefonate vor. Auch was die Verwendung bestimmter Social Media betrifft, lassen sich kulturelle Unterschiede feststellen. In China und Japan gibt es z.B. sehr viele Blogger, in Lateinamerika weniger Blogger, dafür lieben es die Menschen dort, Fotos in Social Media hochzuladen. Diese kulturellen Unterschiede werden sich wahrscheinlich auch in Ihrem Projekt zeigen, wenn Sie etwa eine virtuelle Galerie und ein Projektblog ins Leben rufen. Sie können jedoch diese Vorlieben gezielt bei der Aufgabenverteilung berücksichtigen und z.B. jemandem mit einer hohen Affinität zu Blogs die Verantwortung für das Projektblog übertragen. Um interkulturelle Missverständnisse in der Projektkommunikation zu vermeiden, beachten Sie am besten die folgenden Punkte.

To-do-Liste: Interkulturelle Kommunikation

- Setzen Sie sich mit der kulturellen Prägung all Ihrer Teammitglieder vor Projektstart auseinander.

- Sensibilisieren Sie Ihr Team für die Herausforderungen der interkulturellen Kommunikation. Berücksichtigen Sie, dass Ihre Teammitglieder je nach kultureller Prägung eher direkt oder indirekt kommunizieren.

- Verbinden Sie das Kick-off-Meeting oder eine andere Teambuilding-Maßnahme mit einem interkulturellen Training.

- Ermuntern Sie Ihre Mitarbeiter, in ihren Profilen in der virtuellen Projektgalerie über ihre Landeskultur zu berichten.

- Machen Sie die kulturelle Prägung Ihrer Teammitglieder in persönlichen Treffen zum Thema.

- Erstellen Sie zusammen mit Ihrem Team ein allgemein gültiges Glossar für Emoticons und andere Symbole zum Ausdruck von Stimmungen und Gefühlen in der schriftlichen Projektkommunikation.

- Fragen Sie Ihre Teammitglieder zu Beginn des Projekts, welches ihre bevorzugten Kommunikationsmittel sind.

Welche Rolle die digitale Kluft spielt

Wenn Sie bereits regelmäßig Facebook, Twitter, XING & Co. nutzen, ist der Sprung in ein virtuelles Projekt deutlich kleiner, als wenn Sie Social Media eher skeptisch betrachten. Denn auch in virtuellen Projekten wird Social Software eingesetzt, die es Ihnen erlaubt, mit Ihren Teamkollegen auf viele verschiedene Arten zu interagieren.

Während für die sog. Digital Natives der Umgang mit Social Software inzwischen alltäglich ist, haben ältere Kollegen damit manchmal wenig Erfahrung und daher Schwellenängste.

Beispiel

Die Medizin & Pharma GmbH, ein mittelständisches deutsches Pharmaunternehmen, wurde von einem amerikanischen Pharmakonzern gekauft. Um die neuen Mitarbeiter zu integrieren, hat der amerikanische Konzern ein großes Change-Management-Projekt aufgesetzt. Die Führungskräfte der Medizin & Pharma GmbH berichten nun an die Geschäftsleitung in den USA. Zudem sind sie in diverse virtuelle Teilprojekte im Rahmen des großen Change-Management-Projekts eingebunden. Einige Führungskräfte der Medizin & Pharma GmbH sind bereits 55+ und haben bisher nur wenig Erfahrung mit Social Software und den verschiedenen Arten von Social Media gesammelt. Aufgrund der neuen Besitzverhältnisse müssen sie sich nun aber in Eigenregie möglichst schnell in die neuen Technologien einarbeiten. Sie machen dies aber teilweise recht widerwillig und sind sehr unzufrieden mit den neuen Formen der Zusammenarbeit.

Wie Sie mit Widerständen umgehen

Wer als Projektleiter eines virtuellen Teams sein Projekt zum Erfolg führen will, muss gleich zu Beginn sicherstellen, dass alle Teammitglieder versiert im Umgang mit allen Medien sind, die im Projekt eingesetzt werden. Er muss mentale Barrieren abbauen und Begeisterung für neue Medien wecken.

To-do-Liste: Widerstände abbauen

- Wählen Sie gemeinsam die Social Software für das Projekt aus.

- Erläutern Sie allen Teammitgliedern ausführlich den Sinn und Zweck der eingesetzten Tools.

- Führen Sie bei großen Widerständen individuelle Gespräche mit Einzelnen.

- Bieten Sie allen Mitarbeitern Trainings zu den eingesetzten Tools an, welche die unterschiedlichen Vorkenntnisse berücksichtigen.

- Bieten Sie bei Bedarf einzelnen Teammitgliedern Coachings an.

- Befragen Sie während des Projekts alle Mitarbeiter regelmäßig nach ihrer Meinung zu den eingesetzten Tools und variieren Sie diese bei Bedarf.

Medien und Technik sind zwar wichtige Komponenten in einem virtuellen Projekt, aber nicht alles. Um virtuelle Projekte erfolgreich zu managen, benötigen Sie und Ihre Mitarbeiter eine Vielzahl von Kompetenzen. Während jüngere Mitarbeiter manchmal versierter im Umgang mit der Technik sind, bringen ältere oft fundiertes Fachwissen und ihre langjährige Erfahrung in das Projekt ein. Im Idealfall ergänzen sich die Teammitglieder und lernen so voneinander.

Medienspezifische Probleme

Die vier Komponenten der Kommunikation

Mündliche Kommunikation besteht aus folgenden vier Komponenten.

Komponente	Was steckt dahinter?
Verbal	Inhalt des Gesagten
Nonverbal	Gestik, Mimik, Körpersprache
Paraverbal	Stimmlage, Sprechtempo, Sprechpausen, Akzent in einer Fremdsprache, Lautstärke, Sprachmelodie
Extraverbal	Z.B. Möbel und Lichtverhältnisse im Meeting-Raum bei einer Videokonferenz

Beispiel

Ein virtuelles Team hält eine Videokonferenz ab. Drei Teammitglieder sitzen in einem Konferenzraum in München, das vierte Teammitglied sitzt in seinem Büro in Madrid. Die verbale Komponente der Kommunikation ist das gesprochene Wort. Nonverbale Komponenten sind die Mimik und Gestik der Teilnehmer. Paraverbale Komponenten sind z.B. der Klang der Stimme der einzelnen Teilnehmer sowie deren Sprechtempo und Akzent. Eine extraverbale Komponente stellt z.B. das Ambiente im Konferenzraum dar.

Eine der größten Herausforderungen bei der Arbeit in virtuellen Teams besteht darin, dass je nach Kommunikationsmittel verschiedene Komponenten der Kommunikation nicht vorhanden sind.

Beispiel

Bei einer Telefonkonferenz verständigt man sich in erster Linie über verbale und paraverbale Komponenten der Kommunikation, z.B. den Inhalt des Gesagten und die Stimmen der Teilnehmer. Nonverbale Komponenten der Kommunikation wie Gestik und Mimik stehen nicht zur Verfügung. Bei der E-Mail-Kommunikation steht die verbale Komponente der Kommunikation im Vordergrund und lässt oft viel Interpretationsspielraum zu. Die anderen Komponenten der Kommunikation sind gar nicht oder nur rudimentär vorhanden.

Nicht selten kommt es sogar zu Fehlinterpretationen, wenn zwei Muttersprachler per E-Mail kommunizieren. Umso größer ist die Herausforderung für zwei Personen, die aus unterschiedlichen Kulturen stammen und in einer Fremdsprache via E-Mail kommunizieren.

Die vier Seiten einer Nachricht

Laut dem Kommunikationswissenschaftler Friedemann Schulz von Thun hat jede Nachricht vier Seiten.

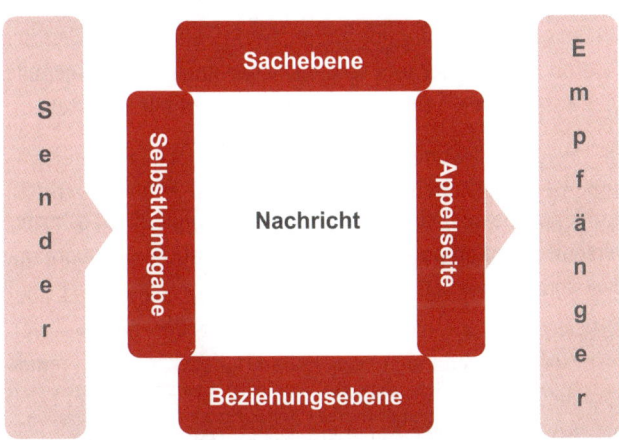

Vier Seiten einer Nachricht

Beispiel

 Robert Blau aus Frankfurt ruft seinen Teamkollegen Matthias Schneider in Hamburg an. Beide sind Mitglieder eines virtuellen Teams und erstellen gerade gemeinsam ein Ergebnisdokument für ihr Projekt. In etwas aggressivem Ton fragt Robert Blau seinen Kollegen am Telefon: „Wann bist du endlich mit Kapitel 3 fertig?"

Diese Frage beinhaltet nach dem oben dargestellten Schema:

- eine Sachfrage: „Wann bist du mit Kapitel 3 fertig?"
- eine Selbstkundgabe: „Ich bin gerade etwas verärgert."
- eine Beziehungsaussage: „Du bist unzuverlässig; ich bin von der Zusammenarbeit enttäuscht."
- einen Appell: „Jetzt gib mal ein bisschen Gas, damit wir das Dokument rechtzeitig fertigstellen können."

Im Beispiel oben kommunizieren zwei deutsche Kollegen per Telefon miteinander und sind wahrscheinlich in der Lage, alle vier Botschaften dieser Nachricht korrekt zu entschlüsseln.

In der E-Mail-Kommunikation fallen jedoch einige Komponenten der Kommunikation weg. Hinzu kommt eventuell noch die Kommunikation in der Fremdsprache. Viele Leute bringen in diesem Kontext ihre eigenen Interpretationen ein und fühlen sich vielleicht fälschlicherweise abgewertet oder kritisiert, obwohl dies nicht die Absicht des Senders war. Insbesondere wenn sich zwei Teammitglieder in einer Fremdsprache per E-Mail austauschen, sind sie oft nicht in der Lage, die vier Seiten einer Nachricht korrekt zu entschlüsseln. So kann eine Spirale von Missverständnissen entstehen, die zu Teamkonflikten führen kann.

Um Eskalationen dieser Art zu vermeiden, hilft es, in Zweifelsfällen nachzufragen, wie denn die eine oder andere schriftliche Aussage tatsächlich gemeint war. Oft ist es dann sinnvoller, die Rückfrage nicht per E-Mail zu stellen, sondern den betreffenden Kollegen anzurufen.

To-do-Liste: Medienspezifische Probleme

- Kommunizieren Sie stets klar und deutlich, so dass wenig Interpretationsspielraum bleibt.

- Überlegen Sie sich genau, welches Kommunikationsmittel Sie zur Übermittlung welcher Botschaften einsetzen (rufen Sie z.B. einen Kollegen im Konfliktfall lieber an anstatt eine Endlosdiskussion per E-Mail zu starten).

- Vergewissern Sie sich, ob der Empfänger der Nachricht, diese auch richtig verstanden hat (fragen Sie z.B. bei Bedarf via Chat oder telefonisch nach).

- Falls Sie den Eindruck haben, dass eine Nachricht von Ihnen missverstanden wurde, klären Sie den Sachverhalt sofort auf.

- Vermeiden Sie es, eigene Interpretationen von fremden E-Mails vorzunehmen. Fragen Sie in Zweifelsfällen beim Absender sofort nach, am besten telefonisch.

- Vermeiden Sie Endlosdiskussionen via E-Mail. Machen Sie bei Bedarf eine kurze Telefonkonferenz.

- Kommunizieren Sie nicht ausschließlich virtuell. Bestimmte Arten von Gesprächen (z.B. das jährliche Mitarbeitergespräch) sollten Sie stets persönlich führen.

Medien und Software

Der Erfolg von virtuellen Teams hängt maßgeblich davon ab, wie versiert die Teammitglieder im Umgang mit den zur Verfügung stehenden Tools sind.

Die Basis: Enterprise 2.0

Damit Ihr Team in der Lage ist, virtuell zusammenzuarbeiten, benötigen Sie Social Software. Darunter versteht man eine Gruppe von Softwareprodukten, die der Kommunikation und Interaktion mit anderen Usern dient. Social Software bildet auch die Basis von Social Media wie z.B. Facebook, XING, LinkedIn und Twitter. Social Media werden in erster Linie für die externe Kommunikation eingesetzt. Für ein virtuelles Projekt benötigen Sie spezielle Social Software, die auf die individuellen Bedürfnisse aller Projektbeteiligten abgestimmt sein muss sowie firmenspezifische und rechtliche Anforderungen im Hinblick auf den Datenschutz erfüllt.

Unter Enterprise 2.0 versteht man den Einsatz von Social Software im Unternehmen zur Kommunikation, Information, Dokumentation, Koordination und Kooperation.

Beispiel

Victoria Mayer, die Leiterin eines globalen E-Business-Teams, setzt in ihrem Projekt ein Innovationsblog ein. Darin können alle Beteiligten neue Vorschläge für das Projektthema und die virtuelle Zusammenarbeit machen. Alle Mitarbeiter haben dabei die Möglichkeit, die Einträge der anderen zu kommentieren und miteinander zu diskutieren. Alle Ideen und Diskussionen werden in einem Wiki – einer Wissensdatenbank, in der alle Mitarbeiter

Artikel einstellen können – gespeichert, so dass alle Projektmitglieder jederzeit darauf zugreifen können.

Der Einsatz von Social Software verändert Strukturen und
Prozesse in Organisationen. Unternehmen, die Social Software
einsetzen, haben in der Regel relativ flache Hierarchien.
Social Software fördert einen partizipativen Führungsstil.
Denn alle Mitarbeiter haben die Möglichkeit, direkt miteinander zu kommunizieren und ihre Ideen einzubringen. Zudem
entsteht eine hohe Transparenz im Unternehmen. Denn Wissen, das früher nur für einen kleinen Kreis zugänglich war,
steht mit Hilfe von Social Software sehr einfach vielen Mitarbeitern zur Verfügung. Dadurch verschwimmen häufig Hierarchien. Darüber hinaus können Mitarbeiter mit Hilfe von
Social Software ihre Meinung nicht nur schneller und einfacher kundtun als in früheren Zeiten, sondern sie erreichen
mit ihren Beiträgen auch deutlich mehr Personen inklusive
vieler relevanter Entscheidungsträger. Während man früher
als Mitarbeiter vielleicht schon im Vorzimmer von der Chef-
sekretärin abgewimmelt wurde, steht heute die virtuelle Tür
zum Vorgesetzten weit offen.

Die Einführung von Enterprise 2.0 stellt einen großen Wandel
in der Unternehmenskultur dar. Dieser Wandel sollte durch
sorgfältig geplante Change-Management-Maßnahmen unterstützt werden. Denn es wird immer Mitarbeitergruppen geben, die diese Veränderung befürworten und solche, die ihr
eher skeptisch gegenüberstehen.

Welches Medium eignet sich für welchen Zweck?

Virtuelle Teams setzen in der Regel eine Vielfalt unterschiedlicher Tools für Kommunikation sowie für Kooperation und Dokumentation ein.

Kommunikation

Die Wahl des Kommunikationsmittels hängt u.a. davon ab, mit wie vielen Personen Sie kommunizieren wollen. Man unterscheidet zwischen:

- One-to-One- und
- One-to-Many- bzw. Many-to-Many-Kommunikation

sowie zwischen

- synchroner (in Echtzeit) und
- asynchroner (zeitversetzter) Kommunikation.

Beispiel

 Sowohl bei Chats als auch in Telefonkonferenzen kommunizieren die Teilnehmer synchron (in Echtzeit) miteinander. Dagegen handelt es sich bei der Kommunikation via E-Mail und in Foren um eine asynchrone (zeitversetzte) Kommunikation.

One-to-One-Kommunikation: Wenn zwei Mitarbeiter in einem virtuellen Team miteinander kommunizieren wollen, können sie dafür z.B. folgende Kommunikationsmittel und Software-Programme einsetzen:

- **Telefon**
  Nach wie vor ist das Telefon eines der meist genutzten Kommunikationsmittel in virtuellen Teams.

- **Mobiltelefon**
  Seit den 90er Jahren ist das Mobiltelefon für viele zum alltäglichen Arbeitsmittel geworden. Zahlreiche Firmen geben standardmäßig Mobiltelefone an ihre Mitarbeiter bei Arbeitseintritt aus.

- **Smartphone**
  Im Gegensatz zu herkömmlichen Mobiltelefonen verfügen Smartphones über zusätzliche Funktionalitäten, die weit über das klassische Telefonieren hinausgehen. Mit Hilfe von sog. Apps können z.B. auch E-Mails abgerufen und andere Projektarbeiten erledigt werden. Zudem gibt es Apps von wichtigen Social Media wie z.B. von Facebook, Twitter, LinkedIn und XING.

- **Videotelefonie**
  Der Vorteil dieser Art des Telefonierens ist, dass die Gesprächspartner einander am Bildschirm des Rechners oder auf dem Display des Smartphones sehen können. Die bekanntesten kostenlosen Software-Programme für die Videotelefonie sind Skype und FaceTime.
  Skype ist eine kostenlose Software des Unternehmens Microsoft. Skype-Kunden können kostenlos via Internet miteinander telefonieren. Sie sehen dabei den Gesprächspartner auf dem Bildschirm ihres Rechners.
  FaceTime ist eine Software, die von der Firma Apple entwickelt wurde. Sie ist auf Apple-Geräten mit einer Frontkamera lauffähig, das heißt z.B. auf mobilen Endge-

räten ab iPhone 4 (Smartphone) und iPad 2 (Tablet-Computer) sowie auf Macintosh Computern, die mit einer FaceTimeCamera ausgestattet sind.

- **Tablet-Computer**
  Bei Tablet-Computern handelt es sich um besonders leichte, flache, tragbare Computer mit einem Touchscreen-Display. Sie ähneln in ihren Funktionalitäten Smartphones. Mittlerweile gibt es eine große Auswahl an Tablet-Computern von unterschiedlichen Herstellern. Viele Firmen statten bereits standardmäßig ihre Außendienstmitarbeiter mit Tablet-Computern aus. Denn so können diese z. B. auch bei Kunden vor Ort auf Firmendatenbanken, Präsentationen und sonstiges Anschauungsmaterial zugreifen.

- **E-Mail**
  E-Mails sind seit ca. Mitte der 1990er Jahre aus der Firmenkommunikation nicht mehr wegzudenken. Zudem stellen sie derzeit noch eines der meistgenutzten Kommunikationsmittel in virtuellen Teams dar. Wichtig ist dabei, dass die eingesetzten E-Mail-Management-Systeme rechtssicher sind und die übermittelten Daten geschützt werden. Insbesondere wenn sensible Daten per E-Mail ausgetauscht werden – z. B. in Innovationsprojekten – ist es sehr wichtig, dass Sie der IT-Sicherheit und den rechtlichen Rahmenbedingungen große Aufmerksamkeit widmen und sich rechtzeitig mit den relevanten Fachabteilungen in Ihrem Unternehmen oder externen Experten abstimmen.

- **Chat-Software**

  Chat-Programme gibt es ebenfalls schon viele Jahre. Sie stellen eine zentrale Komponente in verschiedenen Social Media, wie z.B. Facebook, dar. Dabei unterhalten sich einer oder mehrere Nutzer in Echtzeit über das Internet. Neben den Chatmodulen, die in verschiedene Social Media integriert sind, gibt es eine Vielzahl von Chatprogrammen für die interne Kommunikation im Unternehmen.

One-to-Many- und Many-to-Many-Kommunikation: Wenn mehrere Personen im virtuellen Projekt miteinander kommunizieren wollen, stehen ihnen z.B. folgende Möglichkeiten zur Verfügung:

- **Telefonkonferenzen**

  Sehr häufig setzen virtuelle Teams Telefonkonferenzen zur Kommunikation und für Statusabsprachen ein. In der Regel erhalten alle eingeladenen Teilnehmer eine bestimmte Zugangs-PIN, mit der sie sich in die Konferenz einwählen können.

- **Videokonferenzen**

  Zunehmender Beliebtheit erfreuen sich Videokonferenzen. Sie sind jedoch noch nicht so stark verbreitet wie Telefonkonferenzen. Ihr Vorteil ist, dass sich die Teilnehmer sehen können. Anhand der Gestik und Mimik ist es daher oft einfacher, Kollegen, die in einer Fremdsprache kommunizieren, zu verstehen.

Zusätzlich kommen für die Kommunikation unter mehreren Teammitgliedern natürlich auch E-Mails und Chats in Frage. Da Chats jedoch in Echtzeit stattfinden, können Menschen, die im Projekt nicht ihre Muttersprache sprechen, manchmal mit der Geschwindigkeit einer Chat-Kommunikation nicht mithalten. Dies sollten Sie bei der Auswahl von Kommunikationsmitteln unbedingt berücksichtigen.

Kooperation und Dokumentation

Während früher Softwareprogramme häufig nur einen stark begrenzten Funktionsumfang hatten und „nur" der Dokumentation dienten, geht heute der Trend zu integrierten Lösungen. Dies bedeutet, dass man z. B. innerhalb einer Plattform nicht nur Dokumente ablegen, sondern zugleich auch Projektdetails in Foren diskutieren und mit den Kollegen chatten kann.

Im Folgenden erhalten Sie einen kurzen Überblick über verschiedene Arten von Tools, die Sie für die Kooperation und Dokumentation in einem virtuellen Projekt einsetzen können.

- **Elektronische Meetingsysteme (EMS)**
  Workshops lassen sich mittels sog. Elektronischer Meetingsysteme (EMS) online veranstalten. Mit Hilfe dieser Systeme können Sie in Ihren Online-Meetings auch Umfragen und Brainstormings durchführen. Zudem ermöglichen diese Tools eine asynchrone Vor- und Nachbereitung Ihres Online-Meetings.

- **Communities und Foren**
  Zum einen sind verschiedene Communities und Foren Bestandteile von Social Networks wie XING, Facebook und LinkedIn. Zum anderen können Sie aber auch geschlossene Communities für den unternehmensinternen Gebrauch

einrichten. Allen gemeinsam ist der Austausch von Meinungen, Informationen und Ideen in virtuellen Räumen. Sehr häufig werden in Communities auch Fotos und Videos eingebunden. Manche Community-Programme enthalten viele interaktive Features, wie z.B. E-Mail-Funktionalitäten, Chat-Module und virtuelle Meeting-Räume.

- **Blogs**
Ein Blog ist eine Art virtuelles Tagebuch, das von mindestens einer Person geführt wird. Die Einträge des Bloggers können in der Regel von anderen Personen kommentiert werden. In virtuellen Projekten wird immer öfter ein Projektblog eingesetzt, in dem alle Projektbeteiligten ihre Eindrücke vom Projekt niederschreiben können. Oft wird so ein Blog auch zu einer Art „Themenspeicher" für zukünftige Projekte. Zudem lässt sich der Input aus einem Projektblog auch gut für die Vorbereitung von Lessons-Learned-Workshops für das Projektteam verwenden. Denn häufig spiegeln sich in so einem Blog die Stimmung sowie Stärken und Schwächen des Teams wider. Damit das Blog nicht aus dem Ruder läuft, sollte es allerdings einen Hauptverantwortlichen geben, der den übrigen Teilnehmern mit Rat und Tat beim Bloggen zur Seite steht. Zudem sollten Sie Ihren Teammitgliedern bei Projektstart Blog-Richtlinien zur Verfügung stellen.

- **Mikroblogs**
Im Gegensatz zu Blogs dienen Mikroblogs der schnellen und kurzen Kommunikation mit den übrigen Teammitgliedern in Echtzeit. Der bekannteste Mikroblog im öffentlichen Bereich ist Twitter (www.twitter.com). Eine klassi-

sche Kurznachricht in Twitter, ein „Tweet", besteht aus nur 140 Zeichen. In der Regel ist ein Tweet mit einem Link zu einer weiterführenden Information verbunden. Auch in einem virtuellen Projekt können Mikroblogs sehr hilfreich sein, wenn sie zielgerichtet eingesetzt werden, um z. B. die Teamkollegen schnell über aktuelle News zu informieren. Zudem sind sie ein gutes Stimmungsbarometer im virtuellen Team.

- **E-Learning-Plattformen**
  Es gibt spezielle E-Learning-Plattformen, die viele Web Based Trainings zu unterschiedlichen Themen enthalten. Meist verfügen solche Plattformen über Communities, in denen sich die Teilnehmer mit anderen Teilnehmern und Dozenten in Foren und via Chats austauschen können. E-Learning-Plattformen werden nicht nur zunehmend interaktiver, sondern auch multimedialer. Meist enthalten sie nicht nur zahlreiche Fotos, sondern auch viele Audio- und Video-Dateien, die das Lernen über alle Sinne in hohem Maße fördern. Virtuelle Teams können z. B. E-Learning-Plattformen nutzen, um ihre Fremdsprachenkenntnisse zu verbessern oder sich Knowhow zu bestimmten Software-Programmen anzueignen.

- **Webinare**
  Bei Webinaren handelt es sich um virtuelle Seminare. Ein Webinar ist stets interaktiv ausgelegt und ermöglicht die Kommunikation zwischen Vortragendem und Teilnehmern, vor allem via Chat. Zudem werden den Teilnehmern im Webinar meist Unterlagen zur Verfügung gestellt, die sie herunterladen können. Webinare eignen sich z. B. für den

Knowhow-Transfer zu einem bestimmten Thema innerhalb eines virtuellen Teams.

- **Shared Workspaces**

    Viele virtuelle Teams haben einen gemeinsamen Arbeitsbereich im Intranet und/oder Extranet ihres Unternehmens und nutzen diesen Bereich für die Koordination und Dokumentation ihres Projekts.

    Für den Shared Workspace wird zu Beginn des Projekts meist ein ausgefeiltes Rollen- und Rechte-Konzept ausgearbeitet. Mit Hilfe dieses Konzepts wird genau festgelegt, wer auf welche Verzeichnisse in dem betreffenden Shared Workspace zugreifen darf. Zudem wird definiert, wer für welche Art von Dokumenten Lese- und Schreibrechte hat. Ferner gibt es meist eine Versionskontrolle, so dass genau nachvollziehbar ist, wer wann ein Dokument erstellt hat, von wem es bearbeitet wurde und wer es gelesen hat. Bei der Projektdokumentation ist es außerdem wichtig, dass unternehmensinterne Richtlinien und gesetzliche Rahmenbedingungen für die Archivierung von Daten berücksichtigt werden.

    Aus Gründen der Datensicherheit kommen für unternehmensinterne Projekte klassische Social Media wie XING, Facebook, LinkedIn, Twitter etc. nicht in Frage. Innovative Software-Hersteller greifen jedoch immer mehr Social-Media-Features auf und integrieren diese in Software-Lösungen, die sich für den unternehmensinternen Gebrauch eignen.

    Tagging, die Verschlagwortung von Mitarbeiter-Kompetenzen und bestimmten Themen, ist ein Beispiel hierfür. In diesem Zusammenhang werden Mitarbeiterprofile und Projektdokumente mit bestimmten Key Words versehen, so dass sie von Kollegen bei Bedarf zügig im Intranet oder Extranet gefunden werden können.

Zudem ist es heute schon in vielen Unternehmen möglich, dass Mitarbeiter Dokumente im Intranet und Extranet – analog zu Social Media – kommentieren können.

- **Whiteboards**
  Das Whiteboard ist eine Art elektronisches Flipchart, das für mehrere Personen via Internet zugänglich ist. Auf dem Whiteboard können Sie z. B. in Online-Meetings mit Hilfe von Text-, Zeichen- und Grafikfunktionalitäten Dinge visualisieren und den übrigen Teammitgliedern zugänglich machen.

- **Application Sharing**
  Wenn in einem Online-Meeting mehrere User auf dasselbe Anwendungsprogramm zugreifen, wird dies als Application Sharing bezeichnet. So können die Teilnehmer eines virtuellen Meetings z. B. gemeinsam ein Dokument erstellen. Dazu muss einer der Teilnehmer den anderen Zugriff auf das Programm und das betreffende Dokument auf seinem Rechner geben. Die anderen sehen dann das Programm und das Dokument auf ihren Bildschirmen und können es bei Bedarf bearbeiten. Die Abstimmung der Teilnehmer kann dabei parallel über eine Audio- oder eine Chat-Funktion erfolgen.

- **Social Bookmarking**

  Social Bookmarking bedeutet das Anlegen von Lesezeichen im Internet: Man legt Links auf interessante Websites in bestimmten Kategorien ab, speichert sie und macht sie der Öffentlichkeit oder einer bestimmten Nutzergruppe zugänglich. Diese Bookmarks können Sie auch kommentieren und bewerten. Die bekanntesten öffentlich zugänglichen Social-Bookmarking-Dienste sind Delicious (www.delicious.com) und Mister Wong (www.mister-wong.com). Vergleichbar dazu können Sie jedoch auch ein internes Bookmarking von Dokumenten und interessanten Websites für Ihr Projektteam nutzen.

- **Wikis**

  Ein Wiki (hawaiianisch für schnell) ist eine Art Content Management System im Internet. Das Besondere daran ist, dass die Benutzer die Texte eines Wikis nicht nur lesen, sondern auch bearbeiten können. Das bekannteste öffentlich zugängliche Wiki ist Wikipedia (www.wikipedia.de). Diese Wissensdatenbank ist in zahlreichen Sprachen verfügbar. In virtuellen Projekten sind Wikis oft in einen Shared Workspace integriert. Das Projekt-Wiki ist die Wissensdatenbank des Projekts. Für den unternehmensinternen Gebrauch gibt es in der Regel Zugangskontrollen sowie eine Versionierung. Alte Versionen werden dabei erhalten. So ist später genau nachvollziehbar, wer wann welche Änderungen und Ergänzungen an den Dokumenten durchgeführt hat. Wikis, die gut strukturiert und gepflegt sind, erleichtern insbesondere neuen Mitgliedern die Einarbeitung erheblich. Zudem tragen Wikis dazu bei, Wissen an einem zentralen Ort im Unternehmen zu sichern und für viele Mitarbeiter zugänglich zu machen. Denn durch die Mitarbeiterfluktuation in Unternehmen geht oft viel Wissen verloren. Manche Wikis erlauben eine zeitgleiche Bearbeitung durch mehrere Mitarbeiter. Dadurch spart man viel Zeit.

- **Virtuelle Terminplanung**
  Software für die Terminplanung ist für virtuelle Teams unerlässlich. Manche E-Mail-Systeme enthalten bereits standardmäßig entsprechende Funktionalitäten. Für globale Teams ist es in diesem Zusammenhang besonders wichtig, dass sie sofort die relevanten Zeitverschiebungen ihrer Teamkollegen sehen.

Beispiel

 Doodle (www.doodle.com) ist eine Software für die Terminplanung, die kostenlos im Internet in zahlreichen Sprachen zur Verfügung steht. Sie wurde von der gleichnamigen Schweizer Firma entwickelt.

Darüber hinaus gibt es noch eine Vielzahl weiterer Programme. Große Unternehmen verfügen jedoch in der Regel über Standard-Software, in die Terminplanungs-Tools bereits integriert sind. Kostenlose Software-Programme für die Terminabstimmung können insbesondere in der Abstimmung mit externen Partnern, die über verschiedene IT-Systeme verfügen, gute Dienste leisten.

- **Projektmanagement-Software**
  Unabhängig davon, ob ein Team als Präsenzteam oder als virtuelles Team zusammenarbeitet, wird in der Regel eine

spezielle Software für das Projektmanagement eingesetzt. Meist gibt es hierfür Standard-Programme innerhalb eines Unternehmens. Wichtig ist dabei, dass alle Teammitglieder mit der Software vertraut sind und mit derselben Version des Programms arbeiten.

Die richtige Software

In großen Unternehmen gibt es meist schon ein Standard-Portfolio an Software für virtuelle Teams, auf das Sie zurückgreifen können. In diesem Fall müssen Sie sich lediglich zu Beginn des Projekts Gedanken machen, welches Tool Sie für welchen Zweck im Projekt einsetzen und sich mit den betreffenden Fachabteilungen abstimmen.

Sofern die virtuelle Projektarbeit in Ihrem Unternehmen jedoch noch nicht etabliert ist, stehen Sie eventuell vor der Herausforderung, in Kooperation mit Kollegen aus anderen Abteilungen eine neue Software auszuwählen und/oder bestimmte technische Endgeräte für Ihr Team anzuschaffen.

Die folgende Checkliste unterstützt Sie bei der Auswahl von Software für die virtuelle Teamarbeit.

Checkliste: Software-Auswahl für virtuelle Teams

Rahmenbedingungen

- Welches Budget steht für die neue Software zur Verfügung?

- Für welchen Zweck/in welchen Unternehmensbereichen soll die Software hauptsächlich eingesetzt werden?

- Wie viele Mitarbeiter und ggf. Externe sollen mit der Software arbeiten?

- An welchen Standorten soll die Software ausgerollt werden?

- In welchen Sprachen sollte die Software verfügbar sein?

- Kann die Software ohne Anpassung überall installiert werden oder müssen firmenspezifische Anpassungsmaßnahmen vorab ausgeführt werden? Wenn ja, wie umfangreich sind diese? Wer führt diese aus? Welches Budget muss für diese Anpassungsarbeiten eingeplant werden?

- Ist die Software selbsterklärend oder sind Schulungsmaßnahmen erforderlich? Wenn ja, wie umfangreich sind diese Schulungen? Wer führt diese durch? Wie viele Mitarbeiter müssen in welchen Ländern und Sprachen geschult werden? Welches Budget muss für die Schulungsmaßnahmen eingeplant werden?

- Ist die neue Software kompatibel mit der bestehenden IT-System-Landschaft in Ihrem Unternehmen?

- Welche Schnittstellen zu anderen Programmen sind erforderlich (z.B. zu Office-Produkten wie Word, Excel, Outlook)?

- Welche technischen Rahmenbedingungen müssen die Rechner der User erfüllen, damit die Software einwandfrei funktioniert?

- Können externe Partner problemlos angebunden werden?

Funktionsumfang der Software

- Über welche Funktionalitäten muss die Software verfügen (z. B. Terminplanung, Chat-Module, Archivierung und Versionierung von Dokumenten)?

- Welche Anforderungen muss die Software in rechtlicher Hinsicht erfüllen (z. B. Datenschutz)?

- Welche Anforderungen im Hinblick auf die IT-Sicherheit muss die Software erfüllen?

- Gibt es ergänzende Module?

- In welcher Form lässt sich ein Rollen- und Rechte-Konzept realisieren?

- Ist die Software auch für mobile Endgeräte (z. B. Smartphones, Tablet-Computer) geeignet?

Benutzerfreundlichkeit und User Acceptance

- Gibt es Studien zur Benutzerfreundlichkeit der Software?

- Besteht das Team, das die Software auswählt, aus Mitarbeitern unterschiedlicher Abteilungen und haben ausreichend viele Mitarbeiter, die später mit dem Programm arbeiten müssen, Mitspracherecht bei der Software-Auswahl?

- Gibt es die Möglichkeit, dass mehrere potenzielle User aus Ihrem Unternehmen die Software vor dem Kauf unverbindlich testen?

- Können Mitarbeiter aus unterschiedlichen Ländern die Software in verschiedenen Sprachversionen testen?

Anbieter

- Über welche Referenzen verfügt der Anbieter?

- Besteht die Möglichkeit, sich mit Kunden des Anbieters auszutauschen, welche die Software bereits in der virtuellen Teamarbeit einsetzen?

- Wie viele Mitarbeiter und Spezialisten für das betreffende Software-Programm sind beim Anbieter im In- und Ausland beschäftigt?

- Was unterscheidet den Anbieter von seinen Mitbewerbern?

Service

- Welche Finanzierungsmöglichkeiten der Software bietet der Anbieter an?

- Welche Beratungsleistungen sind im Gesamtpreis enthalten?

- Sind erforderliche Schulungen und Workshops im Gesamtpreis enthalten? Wenn nein: Welche zusätzlichen Kosten entstehen? Ist der Anbieter in der Lage, an allen Firmenstandorten im In- und Ausland adäquate Schulungsmaßnahmen in der jeweiligen Landessprache durchzuführen?

- Sind Dokumentationen, Web Based Trainings etc. im Gesamtpreis enthalten? Wenn nein: Welche zusätzlichen Kosten entstehen?

- In welchen Sprachen sind die Dokumentationen, Web Based Trainings etc. verfügbar?

- Welche Art von Wartungsvertrag wird angeboten?

- Gibt es an allen relevanten Standorten Ihres Unternehmens einen technischen Kundendienst des Anbieters vor Ort?

- Welche Kundendienstleistungen sind im Wartungsvertrag abgedeckt?

- Für welche Kundendienstleistungen entstehen zusätzliche Kosten?

- Innerhalb welcher Zeit können Probleme mit dem System behoben werden?

- Welche Upgrade-Möglichkeiten stehen für alle Sprachversionen der Software zur Verfügung?

- Sind Upgrades im Preis enthalten? Wenn nein: Welche zusätzlichen Kosten entstehen?

- Gibt es eine telefonische Hotline in allen relevanten Ländern? Wenn ja: Ist diese im Preis enthalten?

- Welche Sprachen sprechen die Mitarbeiter der Hotline?

- Zu welchen Zeiten ist die Hotline verfügbar?

- Besteht die Möglichkeit der Fernwartung? Wenn ja: Ist diese im Preis enthalten?

- Welche zusätzlichen Service-Leistungen werden angeboten?

Wie Sie Medienkompetenz aufbauen

Um beurteilen zu können, welches Kommunikationsmittel für welchen Zweck in Ihrem virtuellen Projekt am besten geeignet ist, müssen Sie erst einmal viele praktische Erfahrungen mit einzelnen Medien und Software-Produkten sammeln.

Sie werden feststellen, dass es wenig sinnvoll ist, dass Ihr Team ausschließlich virtuell zusammenarbeitet – egal, ob es sich um ein Projektteam oder Linienteam handelt. Die Technik spielt zwar eine große Rolle in virtuellen Teams, sie sollte aber nicht überbewertet werden. In manchen Situationen ist nach wie vor das persönliche Gespräch die beste Lösung.

Um Ihre Teammitglieder über Distanz mit Hilfe neuer Medien gekonnt zu führen, können Sie wie folgt vorgehen.

Leitfaden für den Aufbau von Medienkompetenz
1. Sammeln Sie praktische Erfahrungen als Mitglied eines virtuellen Teams, bevor Sie für ein solches Team eine Führungsrolle übernehmen.
2. Verschaffen Sie sich einen Überblick über die bestehenden Kommunikationsmöglichkeiten und Software-Programme für die virtuelle Teamarbeit in Ihrem Unternehmen.
3. Analysieren Sie aktuelle Trends in der Kommunikation virtueller Teams.
4. Testen Sie alle im Unternehmen eingesetzten Tools.

5. Besorgen Sie sich Testversionen von in Frage kommenden Tools, die bisher noch nicht in Ihrem Unternehmen eingesetzt werden und analysieren Sie diese.

6. Stimmen Sie sich bezüglich der Software-Auswahl mit Ihren Kollegen aus anderen Abteilungen (z. B. IT, Rechtsabteilung, anderen Führungskräften von virtuellen Teams) ab.

7. Legen Sie eigene Profile in relevanten Social Media, wie z. B. XING, LinkedIn, Facebook, Twitter, Google+ an.

8. Beobachten Sie zuerst, wie andere User in Social Media agieren, bevor Sie selbst aktiv werden.

9. Nutzen Sie die Vielfalt der zur Verfügung stehenden Funktionalitäten in Social Media und treten Sie mit anderen Usern in Kontakt.

10. Analysieren Sie die verschiedenen Erscheinungsformen von Social Software/Social Media inklusive Social-Media-Richtlinien, Blog-Richtlinien und Netiquetten für Communities.

11. Testen Sie firmeninterne Kommunikationssysteme sorgfältig vor deren Einsatz.

12. Erarbeiten Sie Stärken-Schwächen-Profile einzelner Kommunikationsmittel.

13. Analysieren Sie die Abläufe von Telefonkonferenzen, Videokonferenzen, Online-Meetings, Chats

etc. und versuchen Sie negative Punkte in Zukunft zu vermeiden.

14. Nehmen Sie Personalentwicklungsmaßnahmen zum Aufbau von Medienkompetenz in Anspruch.

15. Erstellen Sie gemeinsam mit Ihrem Team ein adäquates Portfolio von Kommunikationsmitteln.

16. Legen Sie in Kooperation mit Ihren Teammitgliedern Richtlinien für den Einsatz der verschiedenen Kommunikationsmittel und eine Netiquette fest.

17. Setzen Sie einen neutralen Beobachter oder Coach in Ihren virtuellen Meetings, Telefon- und Videokonferenzen ein und erarbeiten Sie mit ihm gemeinsam Optimierungsmaßnahmen.

18. Evaluieren Sie den Einsatz von Medien in Lessons-Learned-Workshops.

Aufbau einer Moderatorenkompetenz

Wenn Sie ein virtuelles Team führen, werden Sie automatisch zum Moderator einer kleinen virtuellen Community. Die Fähigkeiten, die Sie hierfür benötigen, können Sie nur teilweise in der Theorie erwerben. Bevor Sie eine Führungsrolle in einem großen, globalen virtuellen Team übernehmen, ist es sehr hilfreich, wenn Sie im kleinen Rahmen oder im privaten Umfeld bereits erste Erfahrungen sammeln.

Im ersten Step genügt es z.B. schon, wenn Sie Mitglied in verschiedenen virtuellen Communities werden und dort aktiv an Diskussionen teilnehmen. Dadurch bekommen Sie ein

Gefühl für das Miteinander im virtuellen Raum. Wenn Sie bereits erfahrener User sind, könnten Sie z.B. eine eigene Community zu einem Thema, in dem Sie Experte sind, oder zu Ihrem Hobby gründen, um so erste Erfahrungen als Gruppenmoderator zu sammeln.

Besonders spannende Erfahrungen werden Sie dabei als Moderator einer interkulturellen Community mit Foren in mehreren Sprachen machen. Diese lassen sich gut in die Unternehmenspraxis übertragen.

> Als Führungskraft eines virtuellen Teams sind Sie zugleich Moderator einer virtuellen Community. Um dieser Aufgabe gerecht zu werden, hilft es Ihnen, wenn Sie vorher bereits Mitglied eines virtuellen Teams waren und praktische Erfahrungen in relevanten Social Media gesammelt haben.

Persönlicher Kontakt

Aufgrund der vielfältigen technischen Möglichkeiten, die virtuellen Teams zur Verfügung stehen, ist es theoretisch möglich, ein Projekt komplett auf Distanz abzuwickeln. In der Praxis ist dies aber eine große Ausnahme. Denn der Faktor Mensch spielt auch in der virtuellen Welt nach wie vor eine große Rolle.

Daher sollten Sie sich regelmäßig Zeit nehmen, um mit jedem Ihrer Teammitglieder Einzelgespräche zu führen, sowohl per Telefon als auch persönlich – idealerweise am Standort des Teammitglieds.

Natürlich entstehen für diese persönlichen Treffen oft Reisekosten in erheblicher Höhe. Aber: Wenn sich die Teammitglieder zu relevanten Anlässen persönlich treffen, stärkt dies den Zusammenhalt im Team. Dadurch wird Vertrauen unter den Teammitgliedern und zu Ihnen aufgebaut. Dies ist die Grundlage für eine mittel- und langfristige konstruktive Zusammenarbeit und erhöht letztendlich die Produktivität des gesamten Teams.

> Planen Sie regelmäßig persönliche Treffen für Ihr virtuelles Team ein. Dies stärkt das gegenseitige Vertrauen und trägt maßgeblich zum Erfolg Ihres Teams bei.

Wann sollte sich das Team persönlich treffen?

Virtuelle Teams sollten sich mindestens zu folgenden Anlässen persönlich treffen:

- Kick-off-Meeting
- Erreichen wichtiger Milestones im Projekt
- größere Teamkonflikte
- Lessons-Learned-Workshop
- Feier zum Projektabschluss

Kick-off-Meeting

Die Grundlage für die spätere Zusammenarbeit ist ein Kick-off-Meeting. Für die einzelnen Teammitglieder ist es wesentlich einfacher, Vertrauen aufzubauen, wenn sie sich am Anfang bereits persönlich kennengelernt haben.

Wichtige Milestones im Projekt

Insbesondere bei Projekten, die eine sehr lange Laufzeit haben, ist es wichtig, dass Ihr Projektteam sich in regelmäßigen Abständen persönlich trifft. Dies fördert den Zusammenhalt im Team und erhöht die Produktivität.

Größere Teamkonflikte

Bei Bedarf sollten Sie auch außerplanmäßige persönliche Treffen initiieren. Manche Teamkonflikte haben ein solch großes Ausmaß, dass diese virtuell nicht mehr geklärt werden können. Oftmals ist es in diesem Zusammenhang sinnvoll, wenn ein externer Coach oder Mediator hinzugezogen wird.

Lessons-Learned-Workshop

Dem Lessons-Learned-Workshop am Ende eines Projekts kommt eine ähnlich große Bedeutung zu wie dem Kick-off-Meeting zu Beginn. Daher sollten Sie ihn auf jeden Fall im Rahmen eines persönlichen Treffens der Teammitglieder durchführen.

Feier zum Projektabschluss

Viele virtuelle Projektteams lösen sich nach vollbrachter Arbeit sang- und klanglos auf. Setzen Sie daher bewusst einen positiven Schlusspunkt in Ihrem virtuellen Projekt. Veranstalten Sie eine schöne Projektabschlussfeier. Ihre Teammitglieder haben so auch die Möglichkeit, sich von ihren Kollegen und Ihnen persönlich zu verabschieden. Eine Projektabschlussfeier drückt auch Anerkennung aus und motiviert Ihre Teammitglieder für neue Projekte. Eine solche Feier lässt sich gut mit einem Lessons-Learned-Workshop kombinieren.

Wann sind One-to-One-Gespräche sinnvoll?

Als Führungskraft eines virtuellen Teams sollten Sie sensible Antennen dafür entwickeln, wann One-to-One-Gespräche mit einzelnen Teammitgliedern erforderlich sind. Dann lassen sich z. B. aufkommende Probleme frühzeitig lösen.

Zu Beginn des Projekts sollten Sie – je nach Erfahrung, Persönlichkeit und kultureller Prägung des Teammitglieds – ca. alle zwei Wochen One-to-One-Gespräche via Telefon einplanen. Je eingespielter und erfahrener das Team ist, desto länger können diese Abstände sein.

Zudem sollten Sie auch ein Zeitbudget für außerplanmäßige One-to-One-Gespräche sowie, wenn möglich, auch für persönliche Zweier-Treffen einplanen.

Anlässe für solche außerplanmäßigen One-to-One-Gespräche sind z. B.:

- Integration eines neuen Teammitglieds
- aufkommende Konflikte zwischen zwei oder mehreren Teammitgliedern
- besondere persönliche Ereignisse: Geburtstag, familiäre Veränderungen, Krankheit
- besondere Situationen im Projekt, z. B. außergewöhnliche Leistungen eines Teammitglieds, Überforderung, Nicht-Ein-

haltung von Terminen, mangelnde Identifikation mit der Projektrolle

- Änderungen der Rahmenbedingungen im Projekt für das Teammitglied: z.B. höhere Arbeitsbelastung aufgrund von anderen Projekten

- Feedbackgespräch bzw. in Linienteams auch jährliches Mitarbeitergespräch

Beispiel

 Bastiano Veccolo hat der Projektleiterin Yasmina Roth per E-Mail mitgeteilt, dass zwei seiner Abteilungskollegen aus seinem Linienteam vor Ort in Italien wegen Krankheit und einem Sabbatical für mehrere Monate ausfallen. Dadurch müsse er nun für die nächsten vier Monate mehr Linienaufgaben übernehmen und seine Arbeitszeit für das globale Social-Media-Projekt reduzieren. Yasmina Roth ruft ihn gleich an. Projektleiterin und Projektmitarbeiter suchen im Gespräch gemeinsam nach einer adäquaten Lösung für die nächsten Monate.

Auf einen Blick: Kommunikation und Medien

- In internationalen Teams wird meist Englisch als gemeinsame Projektsprache, als sog. Lingua franca, verwendet. Für einige Teammitglieder kann die Fremdsprache Verständnisschwierigkeiten mit sich bringen.

- Die virtuelle Kommunikation kann zu Missverständnissen führen, da bei vielen Kommunikationsmitteln die Gestik und Mimik des anderen nicht sichtbar sind.

- Virtuelle Teams kommunizieren vorwiegend über technische Hilfsmittel. Es gibt mittlerweile unzählige Tools und Software.

- Auch virtuelle Teams sollten sich regelmäßig persönlich treffen, um Vertrauen aufzubauen und das Wir-Gefühl zu stärken.

Daily Business

Der Arbeitsalltag in virtuellen Teams unterscheidet sich in manchen Punkten stark von dem in Präsenzteams.

In diesem Kapitel erfahren Sie,

- wie Sie virtuelle Projekte managen,
- wie Sie ein Kick-off-Meeting gestalten,
- warum das Wissensmanagement wichtig ist,
- wie Sie virtuelle Meetings moderieren,
- wie Sie neue Mitglieder in Ihr virtuelles Team integrieren und
- worauf es bei Lessons-Learned-Workshops ankommt.

Wie Sie virtuelle Projekte managen

Analog zu klassischen Projekten laufen auch virtuelle Projekte in verschiedenen Phasen ab. Daher ist ihr Management durchaus mit dem von klassischen Projekten vergleichbar. Allerdings gilt es auch folgende Herausforderungen beim Projektmanagement zu beachten:

- die virtuelle Zusammenarbeit mit Teammitgliedern, die an anderen Standorten in anderen Zeitzonen arbeiten, und

- die Zusammenarbeit mit Teammitgliedern aus anderen Kulturen.

Ein virtuelles Projekt lässt sich in die folgenden vier Phasen gliedern:

Phasen eines virtuellen Projekts

Phase 1: Vorbereitung

In dieser Phase werden alle wichtigen Rahmenbedingungen für das Projekt geklärt, der Projektplan erstellt und das Team ausgewählt. Die folgende Checkliste liefert Ihnen einen Überblick über die wichtigsten Aufgaben in der Vorbereitungsphase.

Checkliste: Phase 1 – Vorbereitung

- Ziele, Reporting, Eskalationsprozesse sowie projekt- und unternehmensspezifische Punkte mit dem Auftraggeber und anderen Stakeholdern abstimmen
- Projektziele festlegen
- Teilprojektleiter auswählen
- Teammitglieder auswählen
- Risiken analysieren
- Groben Projektplan inklusive Milestones erstellen
- Budgetplan erstellen
- Zeitplan erstellen
- Teammitglieder einzelnen Projektrollen zuordnen
- Fehlendes Knowhow aufbauen
- Geeignete Kommunikationsmittel auswählen
- Abstimmung mit IT-Abteilung zum Medieneinsatz und zu benötigten Software-Programmen
- Ggf. Anschaffung neuer Software-Programme und Schulung aller Teammitglieder
- Prüfung, ob alle Teammitglieder über die erforderlichen technischen Rahmenbedingungen verfügen sowie ggf. Rollout von Software für das Projekt
- Prozesse definieren
- Rahmenbedingungen für Projektdokumentation festlegen
- Projektcontrolling festlegen
- Virtuelle Galerie mit allen Teammitgliedern etablieren

Phase 2: Start

Ein persönliches Kick-off-Meeting, an dem alle Teammitglieder teilnehmen, ist meist der offizielle Start des Projekts. Auch wenn Ihr Team im weiteren Verlauf des Projekts fast ausschließlich virtuell zusammenarbeitet, sollten Sie das Kick-off-Meeting als persönliches Meeting gestalten.

Checkliste: Phase 2 – Start

- Vorbereitung des Kick-off-Meetings
- Vorstellung aller Teammitglieder
- Information aller Teammitglieder über die Rahmenbedingungen des Projekts
- Überprüfung, ob alle Teammitglieder über die erforderlichen technischen Rahmenbedingungen für die Zusammenarbeit verfügen
- Zielvereinbarungen verabschieden
- Rollen und Prozesse besprechen und verabschieden
- Spielregeln für die Zusammenarbeit festlegen
- Zeitplan erstellen
- Regeln für die Kommunikation festlegen
- Vertretungsregelungen für Krankheit und Urlaub festlegen
- Klärung von inhaltlichen Fragen zum Projekt
- Klärung von branchen-, unternehmens-, länder- und kulturspezifischen Fragen zum Projekt

- Optimale Integration von externen Teammitgliedern wie z. B. Einführung in interne Standards zur Projektdokumentation, Information über Strukturen und Prozesse des Unternehmens und Schulungen zu firmenspezifischen Software-Programmen

- Information über Teamentwicklungsprozesse sowie Sensibilisierung für Herausforderungen bei der interkulturellen virtuellen Zusammenarbeit

- Klärung von individuellen Fragen der Teammitglieder

- Kick-off-Meeting eventuell mit Personalentwicklungsmaßnahmen wie Teambuilding oder interkulturellem Training verbinden

- Ansprechendes Rahmenprogramm für das Kick-off-Meeting festlegen

Phase 3: Durchführung, Koordination und Steuerung

Die dritte Phase ist in der Regel die längste Phase des Projekts.

Checkliste: Phase 3 – Durchführung, Koordination und Steuerung

- Regelmäßige (virtuelle) Projektmeetings und Telefon- oder Videokonferenzen planen und durchführen

- Regelmäßige One-to-One-Gespräche mit allen Teammitgliedern führen und konstruktives Feedback geben

- Den Projektfortschritt anhand von Soll-Ist-Vergleichen kontrollieren

- Den virtuellen Workspace gemäß den vereinbarten Regeln für Information, Dokumentation und Kommunikation nutzen

- Regelmäßig die Stimmung im Projektteam analysieren und ggf. Maßnahmen ergreifen

- Marketing und PR für das Projekt innerhalb und ggf. außerhalb des Unternehmens durchführen

- Konflikte frühzeitig erkennen und auflösen

- Das gesamte Team weiterentwickeln, z.B. durch regelmäßige Teambuilding-Maßnahmen und Erarbeitung von Best Practices für die Teamarbeit

- Jedes einzelne Teammitglied durch individuelle Personalentwicklungsmaßnahmen fördern

- Falls erforderlich, neue Teammitglieder integrieren

- Reporting an Auftraggeber und andere Stakeholder

- In regelmäßigen Abständen persönliche Meetings durchführen

- Den Medieneinsatz analysieren und ggf. optimieren

- Alle Teammitglieder auf vielfältige Art und Weise motivieren

- Effektive Qualitätssicherung für alle Teilbereiche des Projekts

- Adäquat auf veränderte Rahmenbedingungen reagieren und ggf. den Projektplan anpassen

- Best Practices aus den verschiedenen Teilbereichen des Projekts dokumentieren und für alle zugänglich machen

- (Anonyme) Umfragen unter den Teammitgliedern durchführen, um die Stimmung im Team sowie die Zufriedenheit und Identifikation mit dem Projekt auszuloten

Phase 4: Abschluss und Auswertung

In vielen virtuellen Projekten fällt die vierte Phase, die Abschluss und Auswertung beinhaltet, recht knapp aus. Manchmal gibt es sogar aus Zeit- und Kostengründen nicht einmal eine offizielle Projektabschlussfeier. Um die Motivation Ihrer Teammitglieder bis ans Projektende und darüber hinaus aufrechtzuerhalten, sollten Sie die Bedeutung eines positiven Projektabschlusses nicht unterschätzen. Hier haben Sie nochmals die Möglichkeit, all Ihren Teammitgliedern sehr positives Feedback zu geben.

Checkliste: Phase 4 – Abschluss und Auswertung

- Abschlussdokumentation und Präsentation vorbereiten

- Abschlussdokumentation an Auftraggeber und andere Stakeholder übergeben

- Abschlusspräsentation durchführen

- Abschließende Soll-Ist-Vergleiche für alle Teilbereiche des Projekts durchführen

- Planabweichungen analysieren und Ursachen für die Abweichungen klären

- Teamentwicklung während des Projekts analysieren

- Chancen, Risiken und Konflikte während des Projekts analysieren

- Alle Best Practices dokumentieren, die während des Projekts erarbeitet wurden

- Abschließendes Projekt-Marketing und PR, wie z.B. die Erstellung von Artikeln für das Intranet, die Mitarbeiterzeitschrift und das Kundenmagazin

- Analyse von Kennzahlen z.B. im Hinblick auf Mitarbeiterzahl, Fluktuation, Budget, Zeit

- Planung und Durchführung eines Lessons-Learned-Workshops

- Feedback-Gespräche mit den Linienvorgesetzten Ihrer Teammitglieder

- Individuelles Feedback und Anerkennung an jedes einzelne Teammitglied in einem One-to-One-Gespräch sowie Klärung von Zukunftsperspektiven, Zusammenarbeit in anderen Projekten etc.

- Gerechte und für alle Beteiligten nachvollziehbare Vergabe von Incentives an alle Teammitglieder

- Projektabschlussfeier mit ansprechendem Rahmenprogramm

Wie Sie ein Kick-off-Meeting gestalten

In einem virtuellen Projekt ist das Kick-off-Meeting von sehr großer Bedeutung. Idealerweise laden Sie dazu nicht nur all Ihre Teammitglieder ein, sondern auch die Auftraggeber des Projekts und sonstige Stakeholder. Da sich virtuelle Teams in der Regel nur selten während des Projekts persönlich treffen, könnten Sie dieses Meeting auch mit einer speziellen Teambuilding-Maßnahme, einem interkulturellen Training oder Diversity-Training und einem attraktiven Rahmenprogramm verbinden. So lernen sich alle Projektbeteiligten besser kennen und bauen Vertrauen zueinander auf. Nur im absoluten Notfall – z. B. wenn die Distanz zwischen den Teammitgliedern zu groß ist und/oder Ihnen kein ausreichendes Reisekosten-Budget zur Verfügung steht – sollten Sie ein Kick-off-Meeting virtuell durchführen.

In der Regel dauert ein Kick-off-Meeting, an das sich Teambuilding- oder Trainings-Maßnahmen anschließen, mindestens zwei Tage.

Die Vorbereitung

Damit es reibungslos verläuft und bei allen Beteiligten einen positiven Eindruck hinterlässt, sollten Sie das Meeting sorgfältig vorbereiten. Die nachfolgende Checkliste hilft Ihnen dabei.

Checkliste: Vorbereitung Kick-off-Meeting

- Festlegung der Teilnehmer: Projektmitglieder, potenzielle Projektmitglieder, Auftraggeber, wichtige Stakeholder des Projekts

- Terminabstimmung mit allen potenziellen Teilnehmern
  mit Hilfe eines Kalender-Tools

- Festlegung der Ziele des Meetings

- Abfrage per E-Mail, welche offenen Punkte/Agenda-
  punkte es von Seiten der anderen Teilnehmer für das
  Kick-off-Meeting gibt

- Evaluierung, welcher Ort am besten für ein Präsenzmee-
  ting geeignet ist, unter Berücksichtigung der anfallen-
  den Reisekosten und -zeiten aller Teammitglieder

- Detaillierte inhaltliche Planung des Meetings inklusive
  flankierender Maßnahmen wie z.B. Trainings und Rahmenprogramm

- Reservierung passender Räumlichkeiten inklusive aller
  technischer Rahmenbedingungen und sonstigem Equip-
  ment (z.B. Flipchart, Moderatorenkoffer)

- Erstellung eines detaillierten Ablaufplans inklusive eines
  Zeitplans für das Kick-off-Meeting und der flankierenden Maßnahmen

- Abstimmung mit Auftraggeber und Stakeholder, sofern
  diese aktive Parts beim Kick-off-Meeting übernehmen

- Klärung, wer das Kick-off-Meeting in welcher Form
  dokumentiert

- Unterstützung auswärtiger Teilnehmer bei der Reiseplanung, Hotelsuche etc.
- Rechtzeitige Einladung aller Teilnehmer
- Versand der Agenda mindestens drei Tage vor dem Meeting
- Vorbereitung von Namensschildern, sofern sich nicht alle Beteiligten kennen
- Vorbereitung von Informationsmaterial über das Projekt
- Sicherstellung, dass sich alle Projektmitglieder bis zum Kick-off-Meeting in der virtuellen Galerie vorgestellt haben
- Berücksichtigung der unterschiedlichen kulturellen Vorlieben der Teammitglieder bei der Gestaltung des Rahmenprogramms und beim Catering
- Planung mit Zeitpuffer für unvorhergesehene Fragen

Die Inhalte

Die Inhalte von Kick-off-Meetings virtueller Teams weichen nicht sehr von denen klassischer Teams ab. Sie sollten aber einen speziellen Fokus auf folgende Punkte setzen:

- gegenseitiges Kennenlernen und Aufbau von Vertrauen
- Abstimmung über den Einsatz von bestimmten Medien
- interkulturelle Zusammenarbeit
- Spielregeln in der Projektarbeit und Kommunikation
- ausführliche Klärung der Fragen aller Projektbeteiligten

Da Sie wahrscheinlich einige der Teilnehmer des Kick-off-Meetings monatelang nicht mehr persönlich treffen, sollten Sie diese Gelegenheit zur Beziehungspflege und zur Klärung offener Punkte intensiv nutzen.

Beispiel für eine Agenda und den Ablauf eines Kick-off-Meetings

- Begrüßung aller Teilnehmer durch die Führungskraft
- Erläuterung der Agenda inklusive Rahmenprogramm
- Einleitung durch Auftraggeber und/oder sonstige Stakeholder des Projekts, Informationen zur Entstehungsgeschichte und zur strategischen Bedeutung des Projekts für das Unternehmen
- Vorstellung aller Teammitglieder (z.B. in Form eines Spiels mit Bezug zu der bereits erstellten virtuellen Galerie)
- optional: Frage, welche Wünsche und Erwartungen die Teilnehmer an das Projekt haben und was keinesfalls im Projekt passieren sollte (Abfrage z.B. mit Hilfe von Moderationskarten, jedoch idealerweise nur Informationssammlung, Diskussion dazu gegen Ende des Kick-off-Meetings)
- Vorstellung der strategischen und operativen Ziele sowie des konkreten Nutzens des Projekts sowie Abstimmung darüber mit allen Projektbeteiligten und Unterzeichnung von Zielvereinbarungen
- Informationen über alle Rahmenbedingungen des Projekts (Vorarbeiten, Vorstudien, personelle, organisatorische, technische, finanzielle und rechtliche Rahmenbedingungen)

- Vorstellung eines vorläufigen Projektplans (grobe Projektphasen, geplante Teilprojekte, Arbeitspakete, voraussichtliche Projektrollen, Funktionen, Aufgaben, Termine, Milestones, voraussichtliches Projektende) und Abstimmung darüber mit allen Projektbeteiligten

- Vorstellung eines vorläufigen Kommunikations- und Medienplans. Klärung folgender Fragen und Abstimmung darüber mit allen Projektbeteiligten:

  - Welche persönlichen Meetings sind geplant? (z.B. zu wichtigen Milestones, Teambuilding-Maßnahme in der Mitte des Projekts, Lessons-Learned-Workshop und Abschlussfeier am Ende des Projekts)

  - Welche virtuellen Meetings/Telefon- und/oder Videokonferenzen sind geplant? (z.B. Telefonkonferenzen zum Status des Projekts alle zwei Wochen)

  - Wer nimmt an welchen Meetings teil?

  - Vereinbarung erster Termine (z.B. Termine für Telefon- und Videokonferenzen, Abgabetermine für Dokumente)

  - Welche Medien werden für welchen Zweck eingesetzt?

  - Wer informiert wen wann mit welchem Medium?

  - Wer soll bei welchen E-Mails in Kopie gesetzt werden?

  - Welches sind die idealen Zeiten für Telefonkonferenzen unter Berücksichtigung der unterschiedlichen Zeitzonen?

  - In welchen Fällen darf man Teammitglieder außerhalb der lokal geltenden regulären Arbeitszeiten anrufen?

  - Wer informiert wen bei Krankheit oder sonstiger Abwesenheit?

- – Welches Tool wird für die Analyse der Stimmung im Projekt eingesetzt (z.B. virtuelles Stimmungsbarometer mit Ampelfunktion, Projektblog, Mikroblog)
- – Wann dürfen welche Emoticons in der Kommunikation eingesetzt werden? Hierzu am besten ein Glossar zur Verfügung stellen.
- Projektdokumentation
  - – Wo befindet sich das zentrale Projektverzeichnis?
  - – Wer ist der Hauptverantwortliche für die Projektdokumentation?
  - – Wer erstellt wann welche Dokumente?
  - – Welche Richtlinien gibt es für die Dokumentation?
  - – Wer bekommt welche Dokumente wann in welcher Form?
- Spielregeln im Projekt
  - – Wie sieht die Netiquette für die virtuelle Kommunikation aus?
  - – Welche inhaltlichen Bestandteile sollten Nachrichten haben, die man anderen auf der Mailbox hinterlässt?
  - – Wer moderiert in welcher Form welche Teile der interaktiven Projekt-Community, Projektblogs, Foren etc.?
  - – Welche Hol- und Bringschulden gibt es?
  - – Wie ist die korrekte Vorgehensweise bei Missverständnissen jeglicher Art, bei Verzögerungen/Problemen im Projekt, bei Konflikten und sonstigen unvorhergesehenen Ereignissen?

- allgemeine organisatorische Punkte

  - Wer sind die Ansprechpartner an allen involvierten Standorten, die kurzfristig technische Probleme lösen können?

  - Welche Vertretungsregelungen gibt es?

  - Sind bestimmte Punkte bei der Abstimmung und Kommunikation mit den Linienvorgesetzten der Teammitglieder zu beachten?

  - Welche Teammitglieder stehen nur tageweise/in bestimmten Projektphasen für das Projekt zur Verfügung?

  - Welche gegenseitigen Abhängigkeiten gibt es bei den Arbeitspaketen?

  - Welche Projektrisiken gibt es? Wie können diese minimiert werden?

- Sensibilisierung für die interkulturelle Zusammenarbeit

  - Muttersprachler versus Nicht-Muttersprachler

  - kulturelle Unterschiede im Zeitverständnis, Arbeitsrhythmus, der Kommunikation etc.

  - Zeitverschiebungen und deren Auswirkungen auf die Projektarbeit

  - direkte versus indirekte Kommunikation

  - Unterschiede in Religion, Wertesystem, Gesellschaft und deren Auswirkungen auf die Projektarbeit

  - eventuell separates interkulturelles Training, das auf die konkrete Projektsituation abgestimmt ist

- in- und externes Projektmarketing

  - Wer ist der Hauptverantwortliche für die in- und externe Vermarktung des Projekts?

  - Welche in- und externen Marketingaktivitäten sind denkbar/geplant?

  - Welche in- und externen Schnittstellen gibt es? Z.B.: Zusammenarbeit mit der Unternehmenskommunikation und externen Agenturen

  - Wie sieht der Freigabeprozess bei Marketing- und PR-Aktivitäten aus?

- Klärung offener Fragen der Teilnehmer

- Agendapunkte, die die Teilnehmer sich vorab gewünscht haben

- Optional: aktuelles Stimmungsbild

- Commitment zum Umgang mit Konflikten im Projekt. Um größeren, unangenehmen Konflikten im Projekt vorzubeugen, können gleich im Vorfeld ein paar Spielregeln für aufkeimende Konflikte getroffen werden, z.B.:

  - Art des Kommunikationsmittels bei Missverständnissen festlegen, z.B. anstatt Endlos-E-Mail-Korrespondenz Telefonate

  - Art und Zeitpunkt der Information der Führungskraft, wenn zwei oder mehr Teammitglieder einen Konflikt haben

  - Einsatz eines neutralen, externen Projektcoachs, der das Team während der gesamten Laufzeit begleitet und der bei Unstimmigkeiten und Problemen von jedem Teammitglied kontaktiert werden kann

- Optional: ergänzend Teambuilding, Diversity-Training oder interkulturelles Training, Training zum Aufbau von Medienkompetenz. In Abhängigkeit von den Rahmenbedingungen des Projekts und den Kompetenzen der Teammitglieder ist es eventuell sinnvoll, das Kick-off-Meeting mit einer dieser Maßnahmen zu kombinieren.

- Next Steps

> Das Kick-off-Meeting hat eine große Bedeutung für Ihr Projekt und die Teamentwicklung. Es ist daher sehr wichtig, dass daran alle Projektbeteiligten teilnehmen und alle relevanten Rahmenbedingungen des Projekts besprochen werden. Ein Kick-off-Meeting sollte als Präsenztreffen gestaltet werden, damit sich alle Projektbeteiligten persönlich kennenlernen und so Vertrauen zueinander aufbauen können.

Warum das Wissensmanagement so wichtig ist

Die meisten Unternehmen haben heutzutage eine hohe Mitarbeiterfluktuation. Oft verlassen Mitarbeiter bereits nach wenigen Jahren das Unternehmen und nehmen einen großen Teil ihres Knowhows mit. Häufig gibt es keine ausführliche Dokumentation ihrer Projekte und der Best Practices. Selbst wenn der Mitarbeiter seine Arbeit dokumentiert hat, sind die relevanten Dokumente manchmal dennoch im entscheidenden Moment nicht auffindbar. Dies hat z.B. folgende Gründe:

- unübersichtliche Dokumentenstruktur im Intranet oder in anderen Projektverzeichnissen
- keine oder unzureichende Verschlagwortung einzelner Dokumente

- mangelnde Kenntnisse einzelner Mitarbeiter über interne Datenbanken und Systeme sowie die betreffenden Such-möglichkeiten

- mangelnde Bereitschaft einzelner Mitarbeiter, ihr Knowhow einem größeren Kreis zur Verfügung zu stellen und in den dafür vorgesehenen Systemen abzulegen

Dadurch geht den Unternehmen viel Wissen verloren. Hinzu kommt, dass insbesondere in großen Unternehmen zahlreiche Doppel- und Mehrarbeiten ausgeführt werden, weil das Knowledge-Management (noch) Mängel hat und sich Teams mit ähnlichen Fragestellungen gar nicht oder ungenügend abstimmen.

Viele Unternehmen haben jedoch bereits erkannt, wie wichtig ein professionelles Wissensmanagement ist und haben in ihrem Vorstand die Rolle des CIO (Chief Information Officer) geschaffen. Die Person, die diese Rolle innehat, ist u. a. für das Wissensmanagement unternehmensweit verantwortlich. Zu-dem gibt es in manchen Firmen darüber hinaus auch Per-sonen, welche die Rollen des Chief Knowledge oder Chief Collaboration Officers innehaben und auch in beratender Funktion für Führungskräfte von virtuellen Teams tätig sind.

Zu einer guten Projektvorbereitung gehört es, dass Sie sich mit den oben genannten Ansprechpartnern zum Wissens-management und zur virtuellen Zusammenarbeit abstimmen. Denn zum einen können Ihnen diese Spezialisten wahrschein-lich schon diverse Best Practices zu den Themen Wissens-management und Collaboration zur Verfügung stellen, zum anderen gibt es eventuell bereits bestimmte Richtlinien für diese Bereiche, die Sie und Ihre Teammitglieder in Ihrem Projekt berücksichtigen müssen.

Vorbereitungen für ein effektives Wissensmanagement in Ihrem Projekt

Die nachfolgende Checkliste enthält verschiedene Punkte, die Sie vor Projektstart mit den Fachabteilungen für das Wissensmanagement bzw. der IT-Abteilung in Ihrem Unternehmen klären sollten.

Checkliste: Wissensmanagement

- Welche Tools für das Wissensmanagement werden bereits im Unternehmen verwendet?

- Welche dieser Systeme sind für welchen Zweck am besten geeignet?

- Können auch Externe auf die Systeme zugreifen? Da virtuelle Projektteams meist unternehmensübergreifend zusammenarbeiten, ist dieser Punkt von großer Bedeutung.

- Welche Richtlinien müssen Sie und Ihre Teammitglieder beim Einsatz der verschiedenen Tools berücksichtigen?

- Decken die bestehenden Systeme den Bedarf in Ihrem Projekt (z.B. zu Rollen- und Rechte-Konzepten, Versionierung) ab?

- Welche Best Practices gibt es im Unternehmen zum Wissensmanagement?

- Besteht die Möglichkeit zum Austausch mit Führungskräften von vergleichbaren Projekten?

- Welche unternehmens- oder branchenspezifischen Punkte (z.B. rechtliche Rahmenbedingungen in Ihrer Branche) müssen unbedingt berücksichtigt werden?

- Welche Schulungsmaßnahmen (Präsenz oder online) gibt es für die betreffenden Systeme?

- Gibt es ein Mitbestimmungsrecht des Betriebsrates beim Einsatz bestimmter Tools?

- Wer sind die Ansprechpartner, die im Unternehmen in den verschiedenen Ländern bei Fragen kontaktiert werden können?

Da sich die Mitglieder Ihres virtuellen Teams selten persönlich sehen, kommt dem Wissensmanagement eine besonders hohe Bedeutung zu. Denn während in Präsenzteams viele Kleinigkeiten mal schnell im Vorbeigehen in der Kaffeeküche geklärt werden, müssen sich die Mitglieder virtueller Teams meist auf die Informationen in ihrer Projekt-Community verlassen. Es besteht zwar auch in einem virtuellen Team die Möglichkeit, Fragen auf kleinem Dienstweg per Telefon oder Chat zu klären, oft ist dies aber aufgrund von Zeitverschiebungen nicht so einfach. Hinzu kommt, dass es in einem virtuellen Projektteam komplizierter ist, nach Projektstart neue Mitarbeiter auf den Wissenstand aller anderen zu bringen, da dann die Einarbeitung ebenfalls fast ausschließlich virtuell stattfindet.

Die Zielgruppen

In einem virtuellen Projekt gibt es in der Regel mindestens die folgenden Zielgruppen, die Sie bei der Planung des Wissensmanagements berücksichtigen müssen:

- alle Teammitglieder in Ihrem Projekt
- zukünftige Teammitglieder
- Auftraggeber und sonstige Stakeholder (externe und interne)
- externe Kooperationspartner, die nur punktuell oder phasenweise am Projekt mitarbeiten
- andere Teams im Unternehmen, die ähnliche Fragestellungen bearbeiten
- alle Mitarbeiter Ihres Unternehmens, die die Ergebnisse und Erkenntnisse aus Ihrem Projekt (sowohl inhaltlich als auch methodisch) in Zukunft nutzen möchten

Gliederung der Informationen

Einige Rahmenbedingungen des Wissensmanagements werden bereits von der technischen Systemlandschaft und firmeninternen Richtlinien sowie den individuellen Wünschen der Auftraggeber vorgegeben. Zahlreiche weitere Punkte können virtuelle Projektteams selbst regeln. Zum einen geht es hier um Details zur Dokumentation der klassischen Projektergebnisse, zum anderen um die Dokumentation des Wissens, das alle Beteiligten im Laufe des Projekts erwerben und das nicht in die klassischen Ergebnisdokumente einfließt.

Zur Dokumentation dieser informellen Ergebnisse und Praxis-erfahrungen hat es sich bewährt, wenn alle Projektbeteiligten bereits zu Beginn des Projekts auf diesen Aspekt des Wissens-managements hingewiesen und konkrete Best Practices zur Orientierung bereitgestellt werden. Zudem erleichtern Sie Ihren Teammitgliedern die Dokumentation, wenn Sie ihnen gleich bei Projektstart die entsprechenden Verzeichnisse und Tools zur Verfügung stellen.

In der Praxis haben sich dabei folgende Varianten bewährt:

- Verzeichnis für Frequently Asked Questions (FAQ)
- Innovationsblog
- Verzeichnis für Lessons Learned
- Verzeichnis für Best Practices
- Verzeichnis für Themenspeicher

Verzeichnis für FAQ

Hier werden alle wichtigen Fragen zum Projekt anschaulich beantwortet. Der Übersichtlichkeit halber sollten die FAQ in logische Kategorien gegliedert werden. Die Informationen in diesem Verzeichnis tragen vor allem dazu bei, dass sich Team-mitglieder, die erst zu einem späteren Zeitpunkt ins Projekt kommen, schnell einarbeiten können.

Innovationsblog

Ein Innovationsblog ist ein virtuelles Tagebuch, das parallel zum Projekt geführt wird. Jedes Teammitglied sollte die Möglichkeit haben, Blogbeiträge zu innovativen Ideen während des Projekts schreiben und mit den übrigen Teammitgliedern diskutieren zu können. Um Wildwuchs und destruktive Kommentare zu vermeiden, ist es jedoch unbedingt erforderlich, dass es einen Blog-Koordinator gibt, der bestimmte Blog-Richtlinien festlegt und deren Einhaltung überwacht.

Verzeichnis für Lessons Learned

Jedes Teammitglied macht im Projekt individuelle Erfahrungen, die für andere virtuelle Teams von großem Interesse sein können. Daher ist es sehr wichtig, bestimmte positive und negative Erfahrungen im Projekt ausführlich zu dokumentieren. Diese Erfahrungen können sich auf alle Facetten eines virtuellen Projekts beziehen und reichen in der Regel vom Einsatz bestimmter Medien, über Spielregeln für die Zusammenarbeit bis hin zur optimalen Gestaltung von Präsenzmeetings und zur Dauer bestimmter Projektphasen.

Verzeichnis für Best Practices

Auch ein Verzeichnis für Best Practices ist für andere virtuelle Teams von unschätzbarer Bedeutung. Darin können Sie und Ihre Teammitglieder Checklisten für die verschiedenen Projektphasen, Ideen für die Gestaltung von Präsenzmeetings und Teambuilding-Maßnahmen bis hin zu Best Practices für eine gelungene Projektabschlussfeier ablegen.

Verzeichnis Themenspeicher

Bei persönlichen Meetings, in informellen Diskussionen am Telefon, in Chats oder in Foren entstehen oft Ideen für neue Projekte, zusätzliche Dienstleistungen für Kunden oder innovative Methoden und Vorgehensweisen. Diese Themen stehen aber oft mit dem aktuellen Projekt nur in einem indirekten oder gar keinem Zusammenhang. Zudem können sie aus Zeit- und Kostengründen oft nicht weiterverfolgt werden, sind aber vielleicht in Zukunft für das Unternehmen und dessen Stakeholder von großer Bedeutung. Damit dieser wertvolle Input nicht verlorengeht, ist es sinnvoll, einen sog. Themenspeicher einzurichten. Dort können alle Projektbeteiligten Vorschläge für zukünftige Projekte, Serviceleistungen usw. machen. Dieser Themenspeicher kann ggf. auch mit einem Innovationsblog verknüpft werden. Denn dort gibt es die Möglichkeit, die entsprechenden Ansätze gleich mit Kollegen zu diskutieren. Sie sollten dafür Sorge tragen, dass der Input aus dem Themenspeicher und dem Innovationsblog in Ihrem Unternehmen in die richtigen Kanäle einfließt. Dies können Sie durch eine enge Zusammenarbeit mit den Bereichen Ideen- und Innovationsmanagement realisieren.

Um Ihre Teammitglieder zu motivieren, den Themenspeicher zu befüllen und Beiträge für das Innovationsblog zu schreiben, können Sie auch Prämien und Incentives vergeben.

Struktur des Projektverzeichnisses

Jedes Projekt ist einzigartig. Nichtsdestotrotz gibt es gewisse Aspekte, die in den meisten Projekten sehr ähnlich sind. Daher existieren auch für die Gliederung der Dokumentenablage von virtuellen Projekten Best Practices.

Beispielhafte Struktur eines Projektverzeichnisses für ein virtuelles Projekt

- virtuelle Galerie mit allen Projektbeteiligten inklusive Organigramm, Rollen- und Funktionsbeschreibungen
- Projektauftrag und Rahmenbedingungen
- Zielvereinbarungen
- Handbücher (z.B. Projektmanagementhandbuch, Handbücher für bestimmte Software-Programme)
- Glossare (z.B. zu bestimmten Fachbegriffen, für Emoticons)
- Projektpläne inklusive aller Pläne für Teilprojekte
- Statusberichte (Projektstatus, Zeit, Kosten etc.)
- Change Requests (Änderungsanträge für Projekte)
- Ergebnisdokumente einzelner Teilprojekte
- Kommunikation (E-Mails, Notizen etc.)
- externe Firmen (Angebote, Verträge, Kommunikation etc.)
- Frequently Asked Quesions (FAQ)
- Lessons Learned (Dokumentation der Erfahrungen während des Projekts)
- Diskussionsforen zu relevanten Teilbereichen des Projekts
- Marketing und Public Relations für das Projekt
- Innovationsblog (mögliche Innovationen zum Projektthema aber auch zur Zusammenarbeit)

- Themenspeicher (Themenbereiche, die im aktuellen Projekt andiskutiert wurden, aber nicht Kernthema des aktuellen Projekts sind, jedoch eventuell für zukünftige Projekte/ Kunden von Interesse sein könnten)

- Best Practices

- Projektabschlussbericht inklusive diverser Auswertungen

- alles, was Spaß macht (z. B. Sammlung von Fun-Videos, Witze-Verzeichnis, lustige Fotos, Reisetipps, Insider-Tipps für bestimmte Städte, in denen Präsenzmeetings abgehalten werden)

In der Regel sind nicht alle Verzeichnisse für alle Projektbeteiligten einsehbar, insbesondere wenn externe Partner involviert sind. Anhand eines Rollen- und Rechte-Konzepts können Sie die Lese- und Schreibrechte für einzelne Verzeichnisse und Dokumente beschränken. In jedem Fall sollten Sie sich mit den relevanten Fachabteilungen in Ihrem Unternehmen vor Projektstart zum Thema Wissensmanagement abstimmen. Diese können dann bei Bedarf auch erforderliche Anpassungen der Standard-Systeme – wie z. B. ein projektspezifisches Rollen- und Rechte-Konzept – für Sie einrichten.

> Stellen Sie sicher, dass in Ihrem Projekt alle Zielgruppen im Unternehmen die gewünschten Ergebnisdokumente im richtigen Format zum richtigen Zeitpunkt erhalten. Sensibilisieren Sie Ihre Teammitglieder für die Dokumentation von Wissen, das parallel zur Erstellung von klassischen Ergebnisdokumenten entsteht, und stellen Sie Ihren Teammitgliedern bereits zu Beginn des Projekts Möglichkeiten vor, wie sie dieses informelle Wissen dokumentieren können.

Erfolgreiche virtuelle Meetings

Je besser ein Meeting vorbereitet wird, desto reibungsloser wird es ablaufen. Damit Ihre virtuellen Meetings zur Zufriedenheit aller Teammitglieder verlaufen, sollten Sie die folgenden Punkte beachten:

- Auswahl der richtigen Systeme für den speziellen Zweck des Meetings, z.B. Verwendung spezieller Tools für Brainstorming und Umfragen
- funktionierende Technik bei allen Teilnehmern
- versierter Umgang aller Teilnehmer mit den eingesetzten Tools
- Moderatoren und Co-Moderatoren, die sehr erfahren in der virtuellen Moderation sind
- hohe sprachliche und interkulturelle Kompetenz aller Teilnehmer
- Einhaltung von vereinbarten Spielregeln für virtuelle Meetings

Die Vorbereitung

Die folgende Checkliste hilft Ihnen bei der Vorbereitung von virtuellen Meetings.

Checkliste: Vorbereitung virtueller Meetings

- Was ist das konkrete Ziel des Meetings?
- Welche Tools eignen sich, um das Ziel des Meetings zu erreichen? (z.B. Brainstorming, Umfrage, Abstimmung)

- Verfügen alle Teilnehmer über die erforderlichen technischen Rahmenbedingungen zum Einsatz der geplanten Tools?

- Haben alle Teilnehmer Erfahrung mit virtuellen Meetings?

- Sind alle Teilnehmer versiert im Umgang mit den Tools, die Sie im Meeting einsetzen möchten? Benötigen manche Teilnehmer vor dem Meeting noch Schulungsmaßnahmen im Umgang mit bestimmten Tools?

- Wer wird beim Meeting, welche Rolle (z. B. Co-Moderator, Dokumentation bzw. Sicherung der Ergebnisse) übernehmen?

- Wer steht Ihnen am Meeting-Tag als technischer Ansprechpartner zur Verfügung?

- Kennen alle Teilnehmer die Spielregeln Ihres Teams für virtuelle Meetings?

- Ist es erforderlich, mit einigen unerfahrenen Teilnehmern vor dem Meeting eine Generalprobe zu machen, damit diese mit den eingesetzten Tools schneller vertraut werden?

- Haben Sie alle Teilnehmer darüber informiert, welchen Input sie im Meeting liefern sollen?

- Haben Sie eine Liste mit den Tools und Dokumenten erstellt, die Sie zu den einzelnen Agendapunkten einsetzen werden?

- Können alle Agendapunkte in der geplanten Zeit tatsächlich bearbeitet werden?

- Ist es sinnvoll, eine Pause – analog der Kaffeepause in traditionellen Meetings – einzuplanen?

- Wer könnte eventuell die Rolle des Beobachters im virtuellen Meeting übernehmen und Stärken und Schwächen beim Ablauf, der Moderation und der Interaktion der Teammitglieder dokumentieren?

Moderieren von Meetings

Um ein virtuelles Meeting mit vielen Teilnehmern erfolgreich durchführen zu können, müssen Sie über eine hohe Medienkompetenz verfügen und mit allen eingesetzten Tools gut vertraut sein. Wenn Sie noch nicht so viel Erfahrung in der Moderation virtueller Teams haben, kann es sinnvoll sein, erst einmal im kleinem Rahmen zu üben und z.B. die Tools bei einer Diskussion mit wenigen ausgewählten Kollegen einzusetzen. Zudem ist es sinnvoll, dass Sie vor dem Meeting gewisse Teilaufgaben an einen Co-Moderator delegieren.

Die folgende Checkliste hilft Ihnen bei der Durchführung eines virtuellen Meetings.

Checkliste: Durchführung virtueller Meetings

- Haben Sie ca. 30 Minuten vor Start des Meetings nochmals alle technischen Tools geprüft?

- Stehen alle Tools und Dokumente, die Sie für das Meeting benötigen, zur Verfügung?

- Haben sich alle Teilnehmer ins Elektronische Meeting System pünktlich eingeloggt? Haken Sie die eingeloggten Teilnehmer auf Ihrer Liste ab.

- Falls Teilnehmer fehlen, bitten Sie den Co-Moderator oder einen Assistenten bei diesen telefonisch nachzufassen.

- Nutzen Sie die Zeit kurz vor dem Meeting bzw. bis alle Teilnehmer im virtuellen Raum anwesend sind für Small Talk mit den bereits anwesenden Teilnehmern.

- Starten Sie pünktlich und erläutern Sie knapp die Spielregeln des Meetings.

- Machen Sie eine kurze Vorstellungsrunde.

- Gehen Sie alle Agendapunkte durch und beantworten Sie Fragen der Teilnehmer dazu.

- Erläutern Sie kurz, welche technischen Tools Sie bei welchem Agendapunkt einsetzen werden (z.B. Application Sharing, Whiteboard, Umfrage-Tool).

- Beantworten Sie Fragen zu den Tools.

- Achten Sie darauf, wie lange es dauert, bis Ihnen die Teilnehmer antworten. Sind manche Teilnehmer eventuell abgelenkt?

- Falls sich ein Teilnehmer nie zu Wort meldet, sprechen Sie ihn direkt an. Vielleicht hat er technische Probleme oder ist mit dem Tool nicht wirklich vertraut.

- Bitten Sie Ihren Co-Moderator oder Beobachter auf die leisen Töne beim Meeting zu achten und Sie darüber zu informieren.

- Kommunizieren Sie stets klar und deutlich, insbesondere bei Anweisungen an die Teilnehmer. Beispiel: „Schreiben Sie bitte alle Fragen zum Punkt 3a in das Chat-Fenster. Sie haben zwei Minuten Zeit dafür."

- Gestalten Sie das Meeting sehr interaktiv und binden Sie die Teammitglieder immer wieder ein. Vermeiden Sie lange Monologe.

- Berücksichtigen Sie, dass Nicht-Muttersprachler eventuell länger benötigen als Muttersprachler, um ihre Fragen und Antworten in ein Chatfenster zu schreiben.

- Machen Sie spätestens nach 1,5 Stunden eine Pause.

- Achten Sie darauf, dass sich alle Teilnehmer nach der Pause wieder einloggen. Haken Sie die Teilnehmerliste nach der Pause erneut ab.

- Machen Sie am Ende des Meetings noch eine kurze Feedbackrunde.

- Sorgen Sie dafür, dass alle Ergebnisse des Meetings gesichert und den Teilnehmern zeitnah zur Verfügung gestellt werden.

- Verabschieden Sie die Teilnehmer offiziell.

Die Nachbereitung

Um den Ablauf von virtuellen Meetings kontinuierlich zu verbessern, hilft es sehr, von Zeit zu Zeit einen neutralen Beobachter einzusetzen, der Probleme, Herausforderungen aber auch Best Practices sorgfältig dokumentiert.

Folgende Themen könnten Sie dann im Nachgang zusammen mit Ihrem Beobachter analysieren und beim nächsten Meeting, falls erforderlich, optimieren:

- Einsatz bestimmter Tools für spezifische Zwecke wie z. B. Brainstorming oder Umfragen: Welche Tools sind für welchen Zweck am besten geeignet?

- Stärken und Schwächen der Moderation

- Medienkompetenz der Teammitglieder: Wer benötigt eventuell noch eine Schulung?

- Interaktion der Teilnehmer mit dem Moderator und den anderen Teammitgliedern

- Effektivität der virtuellen Zusammenarbeit: Wurden alle Ziele des Meetings erreicht? Wurde der Zeitplan eingehalten? Wenn Nein: Warum nicht?

- Stimmung im Team während des virtuellen Meetings: Gab es Konflikte zwischen einzelnen Teilnehmern?

- Aktivität und Wortmeldungen der einzelnen Teammitglieder sowie Analyse der Ursachen für hohe oder niedrige Aktivität (eventuell im Anschluss One-to-One-Gespräche führen)

- Gesprächsanteile bzw. Umfang der Beiträge in Chats von Muttersprachlern und Nicht-Muttersprachlern: Sollten einige Teilnehmer ihre Fremdsprachenkenntnisse verbessern?

- Interkulturelle Kommunikation: Gab es interkulturelle Missverständnisse?

Der Beobachter eines virtuellen Meetings kann ein externer Coach oder Berater sein, der Sie dabei berät, wie Sie zukünftige Meetings effektiver gestalten können bzw. bei welchen Themen es konkreten Handlungsbedarf gibt.

Der Einsatz eines externen Beobachters hat den Vorteil, dass dieser nicht „betriebsblind" ist und z. B. Defizite – auch beim Einsatz bestimmter technischer Tools für bestimmte Aufgaben – schnell erkennt.

> Bereiten Sie virtuelle Meetings sorgfältig vor. Achten Sie insbesondere darauf, dass alle Teammitglieder über die erforderlichen technischen Rahmenbedingungen verfügen und mit den eingesetzten Tools vertraut sind. Setzen Sie in regelmäßigen Abständen einen neutralen Beobachter ein, um die Stärken und Schwächen Ihrer Meetings zu analysieren.

Wie Sie neue Teammitglieder integrieren

Wenn Sie Wert darauf legen, dass sich neue Mitarbeiter schnell in Ihr virtuelles Linien- oder Projektteam integrieren, sollten Sie deren Einstieg gut vorbereiten und sie in den ersten Wochen und Monaten professionell begleiten.

Neue Mitarbeiter im Linienteam

Sofern Sie ein virtuelles Linienteam führen und einen Mitarbeiter neu einstellen, ist das für ihn und das bestehende Team mit großen Veränderungen verbunden. Denn für den Mitarbeiter stellt das gesamte Unternehmen, das Team und eventuell die Art der Zusammenarbeit Neuland dar. Hinzu kommt, dass wahrscheinlich einige Zeit vergehen wird, bis er alle Teammitglieder seiner Abteilung persönlichen kennenlernt. Außerdem muss er sich recht zügig in die gängigen Kommunikationssysteme und Softwareprogramme Ihres Unternehmens einarbeiten, um überhaupt an virtuellen Meetings teilnehmen und mit den anderen Teammitgliedern in Kontakt treten zu können. Daher ist es unerlässlich, dass Sie für den neuen Mitarbeiter ein kleines Willkommensprogramm planen und seine Integration in das bestehende Team sorgfältig vorbereiten. Dazu gehört es auch, dass Sie ihn an seinem ersten Arbeitstag persönlich begrüßen, ihn relevanten Kollegen vorstellen und in wichtige Firmendetails einführen.

Sofern Sie diesen Maßnahmen einen geringen Stellenwert beimessen, wird dem Mitarbeiter die Integration deutlich erschwert. Dies trägt zu einer hohen Fluktuation und zu erhöhten Kosten für die Personalrekrutierung bei.

Beispiel

Tina Schuster tritt am 01.06. eine neue Position als Managementberaterin im Competence Center CRM in einem großen Beratungsunternehmen in Frankfurt an. Sie wird Teil eines virtuellen Linienteams, das aus 20 Mitarbeitern besteht, die ihre Dienstsitze in mehreren deutschen Großstädten haben. Ein paar Tage vor ihrem Arbeitsbeginn erhält sie von ihrem zukünftigen Vorgesetzen eine E-Mail. Er teilt ihr mit, dass er am 01.06. leider einen Kundentermin hat und daher nicht in die Frankfurter Geschäftsstelle kommen kann. Sie solle sich einfach an der Rezeption melden, er hätte alles vorbereitet.

Tina Schuster meldet sich wie vereinbart am 01.06. an der Rezeption des Beratungsunternehmens und stellt sich kurz vor. An diesem Tag hat sie zufälligerweise auch Geburtstag, aber dies scheint niemand im neuen Unternehmen zu wissen. Keiner gratuliert ihr. Die Damen an der Rezeption wirken sehr gestresst und können Tina Schuster leider nicht weiterhelfen. Sie sagen, sie solle erst mal abwarten, bis ein paar Kollegen eintreffen, die eventuell Bescheid wüssten, welches Büro sie nutzen könne. Nach ca. 1,5 Stunden Wartezeit zeigt ihr ein Kollege ein wenig attraktives Büro und sagt, ein Laptop würde in der IT-Abteilung für sie bereitstehen. Nach ein paar Irrwegen im Firmengebäude findet sie endlich die IT-Abteilung und bekommt dort ihr Laptop. Nach dem Einloggen findet sie verschiedene Mails von ihrem Vorgesetzten mit Informationen zu einem Kundenprojekt vor, in das sie integriert werden soll. Zudem hat er ihr in einer Mail mitgeteilt, dass er sie am Folgetag um 9 Uhr auf dem Parkplatz eines Kundenunternehmens treffen möchte, da sie dort um 9.30 Uhr einen Termin hätten.

Das potenzielle Kundenprojekt entspricht überhaupt nicht den Vorstellungen von Tina Schuster. Aber sie passt sich an, trifft ihren Vorgesetzten am Folgetag und wird dann in das betreffende Kundenprojekt, mit dem sie sich nicht identifizieren kann, eingephast. In der Folgezeit findet der Kontakt zu ihrem Vorgesetzten und den meisten Teamkollegen nur auf virtuellem Wege statt. Nur ein weiterer Kollege ist im selben Projekt vor Ort beim Kunden tätig. Der Austausch zwischen ihm und Tina Schuster ist auf ein Minimum beschränkt. Das Ende von der Geschichte: Tina Schuster verlässt nach drei Monaten frustriert und demotiviert das Unternehmen.

Es gibt keine zweite Chance für den ersten Eindruck. Dies gilt auch für Unternehmen. Neue Mitarbeiter integrieren sich nicht von allein – selbst dann nicht, wenn sie bereits über sehr viel Berufserfahrung verfügen. Natürlich schaffen es erfahrene Mitarbeiter, sich irgendwie in ein neues Umfeld zu integrieren und auch organisatorische Hürden zu nehmen. Dennoch spielt der Faktor Mensch eine große Rolle: Wer sich nicht willkommen fühlt, wird sich weder mit dem Unternehmen noch mit seiner Rolle identifizieren und schnell wieder das Weite suchen, wie das oben dargestellte Beispiel zeigt.

Als Führungskraft eines virtuellen Linienteams sollten Sie sich daher ausreichend Zeit für die Integration von neuen Mitarbeitern nehmen. Zudem sollten Sie einen konkreten Integrationsplan über ca. sechs Monate ausarbeiten und diesen mit dem neuen Mitarbeiter abstimmen. Der folgende Leitfaden hilft Ihnen, die Integration eines neuen Mitarbeiters in Ihr Linienteam zu planen.

Leitfaden: Integrationsplan für neue Mitarbeiter	
1.	Wurde der Arbeitsvertrag an den neuen Mitarbeiter geschickt?
2.	Hat der Mitarbeiter den unterschriebenen Vertrag zurück geschickt?
3.	Wurde das bestehende Team über den neuen Mitarbeiter, seine Rolle und Aufgaben informiert?
4.	Hat der Mitarbeiter alle relevanten Informationen über das Unternehmen erhalten?
5.	Hat die Personalabteilung dem Mitarbeiter mitgeteilt, welche Dokumente/Informationen sie von ihm benötigt?
6.	Haben Sie sich den Geburtstag des Mitarbeiters notiert, so dass Sie ihm ggf. auch noch vor dem ersten Arbeitstag gratulieren können?
7.	Wurde der Arbeitsplatz des Mitarbeiters inklusive aller relevanten Kommunikationsmittel vorbereitet?
8.	Sind die Mitarbeiter von Abteilungen und Projektteams, zu denen der Mitarbeiter Schnittstellen hat,

sowie die Telefonzentrale über die Rolle und die Aufgaben des neuen Mitarbeiters informiert worden?

9. Haben Sie sich ausreichend Zeit für die Einweisung des neuen Mitarbeiters an dessen ersten Arbeitstag genommen?

10. Wurde die Teilnahme an Welcome Days sowie Personalentwicklungsmaßnahmen zur Einarbeitung mit dem neuen Mitarbeiter abgestimmt und für ihn gebucht, ggf. inklusive Flugtickets und Hotels?

11. Haben Sie einen Paten für den Mitarbeiter an dessen Standort ausgewählt, der den Mitarbeiter in der Einarbeitungsphase begleitet?

12. Haben Sie einen detaillierten Einarbeitungsplan erstellt und mit dem Mitarbeiter abgestimmt?

13. Haben Sie ein ausführliches Einführungsgespräch mit dem Mitarbeiter geführt und nochmals über seine konkreten Bedürfnisse und Wünsche gesprochen?

14. Hat der Mitarbeiter eine detaillierte Einführung in die virtuelle Teamarbeit inklusive aller eingesetzten Kommunikationsmittel und Spielregeln des Teams erhalten?

15. Wann und in welchem Zusammenhang stellen Sie den Mitarbeiter den übrigen Teammitgliedern virtuell vor?

16. Wann führen Sie eine Teambuilding-Maßnahme durch, bei dem Sie den Mitarbeiter den übrigen Mitgliedern persönlich vorstellen können?

17. In welchem Rhythmus führen Sie Feedbackgespräche mit dem neuen Mitarbeiter?

18. Welche neue Ideen und Verbesserungsvorschläge hat der Mitarbeiter für Ihre aktuellen Projekte?

19. Wie wirkt sich die Integration des neuen Mitarbeiters auf das gesamte Team aus?

20. Lessons Learned Einarbeitung: Wie ist die Integration des neuen Mitarbeiters gelaufen? Aus Ihrer Sicht, aus der des neuen Mitarbeiters, des Paten, der Teammitglieder, der Personalabteilung und der sonstigen Stakeholder im Unternehmen?

21. Was könnte bei der Integration von Mitarbeitern in Zukunft verbessert werden? (eventuell Erstellung einer Dokumentation und einer optimierten Checkliste sowie von Best Practices)

Neue Mitglieder im virtuellen Projektteam

Wenn Sie einen Mitarbeiter in ein virtuelles Projektteam integrieren, entfallen einige To Dos der oben genannten Checkliste, wenn er schon längere Zeit in Ihrem Unternehmen tätig ist.

In der Regel sind dem Mitarbeiter dann bestimmte Kommunikationsstrukturen und Spielregeln des Unternehmens vertraut. Die Inhalte des Projekts sowie die spezifische Arbeitskultur in

Ihrem virtuellen Projektteam sind für ihn jedoch ebenfalls neu. In der Praxis werden neue Teammitglieder, die nach Projektstart ins Team integriert werden müssen, oft aus Zeitgründen ohne spezifische Einarbeitungsmaßnahmen ins kalte Wasser geworfen, was zu großem Stress führen kann.

Leider ist es insbesondere bei globalen Teams so, dass Sie nicht alle neuen Teammitglieder persönlich in das Projekt einführen können. Folgende Maßnahmen sollten Sie ergreifen, um das zu kompensieren:

- Sie sollten für die neuen Teammitglieder einen Paten auswählen, der am selben Standort wie das neue Teammitglied tätig ist, und ihn mit einem Teil der Einarbeitung beauftragen.

- Zudem sollten Sie das neue Teammitglied per E-Mail und in einem virtuellen Meeting oder einer Telefonkonferenz allen Teammitgliedern offiziell vorstellen.

- Da ein virtuelles Team bei der Integration neuer Mitglieder oft erneut die klassischen Teamentwicklungsphasen durchläuft, sollten Sie zeitnah nach deren Arbeitsbeginn eine Teambuilding-Maßnahme durchführen, bei der sich alle Teammitglieder persönlich kennenlernen.

- In der Anfangsphase sollten Sie in kleineren Zeitabständen One-to-One-Gespräche führen und so den Status der Einarbeitung und der sozialen Integration systematisch begleiten. Dazu gehört es auch, dem neuen Mitarbeiter konstruktives Feedback zu geben und ihn auch um Feedback zu bitten. Vielleicht hat er Ideen und Verbesserungsvorschläge für das Projekt. Gerade in der Einarbeitungsphase sind neue Mitglieder noch nicht „betriebsblind". Sie erkennen Defizite oft schneller als Mitglieder, die schon lange im Team sind.

> Planen Sie die Integration von neuen Teammitgliedern sorgfältig und stellen Sie sicher, dass sowohl deren fachliche als auch die soziale Integration gelingt. Führen Sie in der Einarbeitungsphase regelmäßig One-to-One-Gespräche mit ihnen und geben Sie ihnen konstruktives Feedback.

Worauf es bei Lessons-Learned-Workshops ankommt

In manchen Unternehmen wird ständig das Rad neu erfunden. Dieselben Fehler werden immer wieder neu in Projekten gemacht. Dies führt nicht nur zu Mehrarbeit und damit zu höheren Kosten, sondern auch zu frustrierten Mitarbeitern.

Unternehmen, die mindestens einen Lessons-Learned-Workshop als festen Bestandteil ihrer Projekte einplanen, profitieren langfristig von dieser Methode. Bei Projekten, die über einen längeren Zeitraum laufen, ist es durchaus sinnvoll, mehrere Lessons-Learned-Workshops – jeweils nach Abschluss wichtiger Phasen – durchzuführen. Wenn die Ergebnisse solcher Workshops dann noch großflächig außerhalb des Projektteams kommuniziert werden, werden Unternehmen zu lernenden Organisationen.

Wer Lessons-Learned-Workshops durchführt, verfolgt in der Regel folgende zwei Ziele:

- formelles und informelles Wissen, das im Projekt erarbeitet wurde, zu sichern und anderen im Unternehmen zugänglich zu machen

- aus Fehlern zu lernen und diese bei zukünftigen Projekten zu vermeiden

Dem Lessons-Learned-Workshop kommt ein ähnlich großer Stellenwert zu wie dem Kick-off-Meeting am Anfang eines Projekts. Daher sollten Sie einen Lessons-Learned-Workshop auch in einem virtuellen Team als persönliches Meeting gestalten.

Die Vorbereitung

Die organisatorischen Vorbereitungen eines Lessons-Learned-Workshops entsprechen in großen Teilen denen eines Kick-off-Meetings (siehe das Kapitel „Wie Sie ein Kick-off-Meeting gestalten"). Außerdem sollten Sie noch folgende Punkte berücksichtigen:

- Da bei einem Lessons-Learned-Workshop manchmal auch negative Emotionen bei Teammitgliedern hochkommen, ist es sinnvoll, einen neutralen externen Moderator einzusetzen.

- Idealerweise sollten auch die Auftraggeber und sonstige wichtige Stakeholder des Projekts am Lessons-Learned-Workshop teilnehmen.

- Gestalten Sie den Lessons-Learned-Workshop sehr interaktiv und sorgen Sie dafür, dass ein gut gefüllter Moderatorenkoffer mit ausreichend vielen Moderationskarten und mehrere Pinnwände zur Verfügung stehen.

- Stellen Sie im Workshop die wichtigsten Ergebnisse folgender Tools und Dokumente vor: Innovationsblog, Themenspeicher, Dokumente aus den Verzeichnissen „Lessons Learned" und „Best Practices", die bereits während des Projekts entstanden sind.

- Erstellen Sie für das Meeting einen detaillierten Ablaufplan und gliedern Sie die interaktive Erarbeitung der „Lessons Learned" in verschiedene Teilbereiche. Folgende Teilbereiche haben sich z.B. bei Lessons-Learned-Workshops von virtuellen Teams in der Praxis bewährt:

  - Abwicklung des Projekts im Hinblick auf Qualität, Zeit und Budget

  - virtuelle Zusammenarbeit

  - Tools, die zur Kommunikation eingesetzt wurden

  - Teamentwicklung

  - Häufigkeit, Art und Umfang der Präsenzmeetings

  - interkulturelle Zusammenarbeit

  - Spielregeln im Projekt

  - „Was mir außerdem noch aufgefallen ist ..."

- Verbinden Sie den Lessons-Learned-Workshop mit einer Projektabschlussfeier. Ob dies sinnvoll ist, hängt u.a. davon ab, wie die Stimmung im Projekt zum Zeitpunkt des Workshops ist. Wenn die Stimmung im Team eher schlecht ist, sollten Sie die Projektabschlussfeier idealerweise auf einen späteren Zeitpunkt verlegen, damit sich die Gemüter in der Zwischenzeit wieder etwas beruhigen können.

Die Durchführung des Workshops

Die folgende Checkliste hilft Ihnen bei der Durchführung eines Lessons-Learned-Workshops.

Checkliste: Durchführung Lessons-Learned-Workshop

- Begrüßung der Teilnehmer durch die Führungskraft des Teams und Vorstellung des Moderators

- Begrüßung der Teilnehmer durch den Moderator, der an diesem Punkt die Moderation des Workshops bis zum Ende übernimmt

- Vorstellung von Teilnehmern, die (noch) nicht allen Teilnehmern bekannt sind, z.B. Vertreter von Auftraggebern oder sonstiger Stakeholder

- Erläuterung der Agendapunkte und Hinweise auf den zeitlichen Ablauf und Pausen

- Hinweise auf Spielregeln und Erläuterung der konkreten Vorgehensweise bei der Sammlung der Best Practices und Analyse der Lessons Learned

- Beantwortung von Fragen der Teilnehmer sowie ggf. Aufnahme von Anregungen zur Vorgehensweise aus dem Teilnehmerkreis

- Sicherstellung, dass alle Teilnehmer die Aufgaben im Workshop verstanden haben

- Erarbeitung von Best Practices und Lessons Learned mit Hilfe von Pinnwänden und Moderationskarten, geglie-

dert nach Themen wie z.B. „Virtuelle Zusammenarbeit",
„Spielregeln im Team" ...

- Besprechung und Ergänzung der Ergebnisse durch Dokumentationen zum Thema, die während des Projekts
erstellt wurden (z.B. Themenspeicher, Innovationsblog)

- Dokumentation aller Ergebnisse

- Pausen im Rhythmus von ca. 1,5 Stunden einplanen

- Nach Abschluss der interaktiven Phase Hinweis auf
weitere Vorgehensweise, z.B. Versand der Ergebnisse
an alle Teilnehmer, Verwertung der Ergebnisse innerhalb
des Unternehmens

- Feedbackrunde

- Dank an alle Teilnehmer und Verabschiedung mit Hinweis auf die Abschlussfeier des Projekts

Die Nachbereitung des Workshops

Verschicken Sie die Ergebnisse des Lessons-Learned-Workshops zeitnah an alle Teilnehmer und sorgen Sie dafür, dass
alle relevanten Funktionsträger im Unternehmen darüber informiert werden.

Zielgruppen für die Ergebnisse Ihres Lessons-Learned-Workshops sind neben den eigenen Teammitgliedern z.B.:

- Auftraggeber und alle sonstigen Stakeholder des Projekts

- Geschäftsführung

- Personalabteilung

- andere Führungskräfte von virtuellen Teams
- Organisationsentwicklung
- Projektmanagement Office
- Qualitätsmanagement
- Ideen- und Innovationsmanagement
- Chief Information Officer und Chief Collaboration Officer
- IT-Abteilung
- Interne Kommunikation
- weitere firmenspezifische Fachabteilungen, die Schnittstellen zu Ihrem Projektteam hatten

Planen Sie einen Lessons-Learned-Workshop als festen Bestandteil in Ihre Projekte ein. Beauftragen Sie einen neutralen externen Moderator für den Workshop und stellen Sie sicher, dass alle relevanten Abteilungen in Ihrem Unternehmen über die Ergebnisse informiert werden. Legen Sie die Ergebnisse zudem an einem zentralen Ort im Intranet ab, so dass auch alle sonstigen Interessierten im Unternehmen darauf Zugriff haben.

Auf einen Blick: Daily Business

- Ein sorgfältig vorbereitetes Kick-off-Meeting, bei dem sich alle Teammitglieder persönlich kennenlernen, ist ein guter Start in ein virtuelles Projekt.

- Eine gut strukturierte Projektdokumentation mit Best Practices, FAQ und einem Themenspeicher erleichtert allen Beteiligten den Zugang zum Projekt-Knowhow.

- Virtuelle Meetings erfordern neben funktionierender Technik auch eine hohe Medienkompetenz aller Teilnehmer.

- Neue Mitarbeiter sollten mit Hilfe eines Plans in das Team integriert und beim Start intensiv unterstützt werden.

- Lessons-Learned-Workshops, zu denen sich das Team persönlich trifft, helfen dabei, Wissen transparent zu machen und aus Fehlern zu lernen.

Arbeitskultur in virtuellen Teams

Nur wer sich wohlfühlt, kann gute Leistungen erbringen. Dieser Grundsatz gilt besonders in virtuellen Teams, bei denen die Distanz zunächst unangenehme Fremdheit schafft.

In diesem Kapitel lesen Sie

- welche Rolle der Faktor Mensch in einem virtuellen Team spielt,
- warum Sie eine Netiquette einführen sollten,
- wie Vertrauen bei der virtuellen Zusammenarbeit entsteht,
- wie Sie Ihre Teammitglieder über Distanz motivieren und
- wie Sie konstruktiv mit Konflikten in Ihrem Team umgehen.

Der Faktor Mensch

Der klassische Workaholic, der großen Wert auf Statussymbole wie das repräsentative Büro, den luxuriösen Firmenwagen und die eigene Vorzimmerdame legt, ist heutzutage nicht mehr sehr verbreitet.

In den letzten Jahren hat in unserer Gesellschaft und in Unternehmen ein durchgreifender Wertewandel stattgefunden. Sowohl männliche als auch weibliche High Potentials, die heute einen Job suchen, legen sehr großen Wert auf Work-Life-Balance. Die Karriere um jeden Preis und auf Kosten des Privatlebens ist für viele nicht mehr erstrebenswert.

Unternehmen suchen jedoch nach wie vor hoch motivierte und leistungsbereite Mitarbeiter. Diese Suche wird aufgrund des zunehmenden Fachkräftemangels kontinuierlich schwieriger. Daher punkten in diesem sog. War for Talents insbesondere innovative Unternehmen, die ihren Mitarbeitern flexible Arbeits(zeit)modelle anbieten und einen partizipativen Führungsstil etabliert haben. Das Employer Branding wird in den nächsten Jahren an Bedeutung gewinnen, ebenso das Employee Relationship Management.

Unternehmen müssen nicht nur Mittel und Wege finden, wie sie die gewünschten Mitarbeiter gewinnen, sondern sie müssen auch erfolgreiche Strategien entwickeln, um die Mitarbeiter für längere Zeit ans Unternehmen zu binden. Ein Schlüssel dafür können virtuelle Teams sein, die es Mitarbeitern erlauben, zeit- und raumunabhängig zu arbeiten und Beruf, Familie und Hobbys optimal zu verbinden.

Während die Generation, die mit dem Internet aufgewachsen ist, die Vorzüge der virtuellen Teamarbeit meist sehr schätzt und manchmal sogar von Unternehmen einfordert, stehen manche ältere Mitarbeiter der virtuellen Teamarbeit noch skeptisch gegenüber.

Der goldene Mittelweg sind deshalb virtuelle Teams, die sich in regelmäßigen Abständen persönlich treffen. Denn auch in Zeiten von Enterprise 2.0 ist bei fast allen Mitarbeitern der Wunsch nach regelmäßigen persönlichen Treffen und dem persönlichen Austausch mit Kollegen da.

So sorgen Sie für ein positives Arbeitsklima

In virtuellen Teams tragen die einzelnen Mitglieder deutlich mehr Selbstverantwortung als in Präsenzteams. Auch müssen sie sich kontinuierlich selbst motivieren. Zudem sind sie durch die Nutzung von Smartphones manchmal ständig online und lesen und beantworten auch in ihrer Freizeit und am Wochenende Firmenmails. Die Grenze zwischen Berufs- und Privatleben verschwimmt immer mehr. Dieses übertriebene Pflichtbewusstsein führt jedoch dazu, dass manche Mitarbeiter ständig unter Strom stehen und teilweise schon in jungen Jahren von Burnout und anderen stressbedingten Erkrankungen betroffen sind.

Zu Ihren Aufgaben gehört es deshalb auch, darauf zu achten, dass Ihre Teammitglieder nicht kontinuierlich zahlreiche Überstunden machen, auf Urlaube verzichten und die Grenzen ihrer körperlichen und geistigen Leistungsfähigkeit ignorieren. Dies bedeutet auch, dass Sie Telefonkonferenzen und virtuelle Meetings in globalen Teams so terminieren, dass nicht immer dieselbe Gruppe Nachteile hat und z. B. regelmäßig abends um 21 Uhr oder morgens um 7 Uhr an einer Telefonkonferenz teilnehmen muss.

Um eine positive Arbeitskultur in einem virtuellen Team zu schaffen und zu gewährleisten, dass die Work-Life-Balance Ihrer Teammitglieder während des Projekts nicht zu kurz kommt, sollten Sie ihnen zum Start eine Art „Orientierungs- liste" für die virtuelle Teamarbeit aushändigen.

Checkliste für Mitarbeiter eines virtuellen Teams

- Erstellen Sie Ihren individuellen Teilprojektplan, der alle von Ihnen zu erledigenden Arbeitspakete einschließt.

- Planen Sie Ihre Aufgaben im Projekt mit ausreichend großen Pufferzeiten.

- Gestalten Sie Ihre Arbeitstage nach Ihrer persönlichen Leistungskurve und Ihren individuellen und familiären Bedürfnissen.

- Stimmen Sie die Zeiten, in denen Sie telefonisch und über Chat erreichbar sind, mit den übrigen Teammit- gliedern ab. Berücksichtigen Sie dabei Zeitverschiebun- gen sowie den Arbeitsrhythmus der anderen.

- Schalten Sie Ihr Firmen-Smartphone in Ihrer Freizeit und am Wochenende aus.

- Falls unvorhergesehene Ereignisse dazu führen, dass Sie bestimmte Termine im Projekt nicht halten können, informieren Sie so früh wie möglich Ihre Führungskraft.

- Sofern Sie Ihr Arbeitspensum in der regulären Arbeitszeit nicht bewältigen können, sprechen Sie frühzeitig Ihre Führungskraft an und machen Sie Lösungsvorschläge.

- Teilen Sie Ihrer Führungskraft bereits zu Projektbeginn Ihre Urlaubswünsche mit und stimmen Sie sich mit den übrigen Teammitgliedern ab.

- Stellen Sie sicher, dass mindestens ein Mitglied Ihres Teams Ihre Aufgaben übernehmen kann, sofern Sie kurzfristig durch Krankheit o. Ä. ausfallen.

- Stimmen Sie sich mit Ihren Kollegen ab, die Sie bei Abwesenheit vertreten, und machen Sie sich frühzeitig mit deren Aufgaben vertraut.

- Klären Sie dringende Fragen im Projekt grundsätzlich mit Hilfe von synchronen Kommunikationsmitteln, z.B. Telefon oder Chat. Sie erhalten so in der Regel schneller eine Antwort.

- Informieren Sie bei Spannungen und Konflikten mit anderen Teammitgliedern frühzeitig die Teamleitung.

- Nutzen Sie das regelmäßige One-to-One-Gespräch mit Ihrer Führungskraft für offenes Feedback zu allen Belangen des Projekts und der Zusammenarbeit in Ihrem virtuellen Team.

- Ihre Ideen und Verbesserungsvorschläge sind stets willkommen. Nutzen Sie die Verzeichnisse „Best Practices", „Lessons Learned" sowie das Innovationsblog und den Themenspeicher, um Optimierungsvorschläge und neue Ideen zu dokumentieren. Laden Sie alle Teammitglieder zur Diskussion Ihrer Vorschläge ein.

- Kommunizieren Sie klar und deutlich über alle Kanäle mit den anderen Teammitgliedern und klären Sie Missverständnisse zügig auf.

- Halten Sie sich stets an die im Kick-off-Meeting vereinbarten Spielregeln und an die Netiquette des Projektteams.

- Unterstützen Sie neue Teammitglieder bei der Einarbeitung, z.B. als Pate.

- Erledigen Sie Ihre Bringschulden im Projekt stets pünktlich und vollständig.

- Übernehmen Sie bei Interesse zusätzliche Aufgaben im Projekt, wie z.B. die Moderation des Innovationsblogs oder eines bestimmten Forums.

- Informieren Sie die Führungskraft Ihres virtuellen Teams rechtzeitig, zu welchem Zeitpunkt Sie ein ausführliches Projekt-Feedback für Ihr Mitarbeitergespräch benötigen.

- Informieren Sie Ihre Führungskraft bei größeren Problemen sofort.

- Ihre Vorschläge für Präsenzveranstaltungen, Teambuilding-Maßnahmen und ein passendes Rahmenprogramm sind stets willkommen.

- Erstellen Sie ein ausführliches Profil für die virtuelle Projekt-Galerie.

- Lassen Sie die anderen Teammitglieder an Ihrer Kultur teilhaben.

- Achten Sie auch bei hoher Arbeitsbelastung im Projekt auf Ihre Gesundheit und suchen Sie bei Überforderung gemeinsam mit Ihrer Führungskraft rechtzeitig passende Lösungen.

Die Checkliste kann je nach Art des Projekts, des virtuellen Teams und der Firmenkultur beliebig modifiziert werden. Auch verschiedene Varianten dieser Checkliste – z.B. für Neulinge und erfahrenere Mitarbeiter – sind denkbar. Zudem können Sie die Checkliste durch Ihre eigenen Verfügbarkeiten für Telefonate und Chats ergänzen und/oder Ihre bevorzugten Kommunikationsmittel nennen.

Auch Ihr persönlicher Vertreter und ein Ansprechpartner für technische Probleme sollten in solch einer Liste mit Kontaktdaten aufgeführt werden. Zudem sollte es konkrete Handlungsanweisungen für bestimmte Notfälle im Projekt geben.

Es ist sehr wichtig, dass Sie Ihren Mitarbeitern bewusst machen, dass sie trotz der räumlichen Distanz Teil eines Teams sind, bei dem alle am gleichen Strang ziehen und sich bei Bedarf gegenseitig unterstützen.

Warum Sie eine Netiquette einführen sollten

In einem virtuellen Team kommunizieren die Teammitglieder sehr häufig über moderne Medien, wie z.B. E-Mail und Chat. Die Nachteile dieser Art der Kommunikation sind, dass keine nonverbalen Komponenten – wie z.B. Gestik und Mimik – zur Verfügung stehen, die den Inhalt des Gesagten unterstreichen können. Hinzu kommt, dass in internationalen Teams meist Englisch als gemeinsame Projektsprache gewählt wird. Dies bedeutet, dass wahrscheinlich die meisten Mitglieder Ihres Teams nicht in ihrer Muttersprache im Projekt kommunizieren. Dies erhöht zusätzlich die Schwierigkeit, den anderen richtig einzuschätzen.

Um sprachliche und interkulturelle Missverständnisse in der virtuellen Kommunikation zu vermeiden, sollten Sie daher gleich zu Beginn in Abstimmung mit Ihren Teammitgliedern eine Netiquette bzw. Chatiquette (von: to chat) festlegen. Eine Netiquette ist eine Sammlung von Benimm-Regeln für den virtuellen Raum.

Sie kann sowohl für größere, offene virtuelle Communities als auch für kleinere virtuelle Teams in Unternehmen erstellt werden. Die konkreten Inhalte einer Netiquette hängen u.a. von folgenden Punkten ab:

- Zielgruppe (z.B. alle Internetuser, Mitglieder einer bestimmten offenen oder geschlossenen Community, Projektteam in einem Unternehmen mit in- und externen Teammitgliedern)

- kulturelle Prägung der Zielgruppen
- Projektsprache
- eingesetzte Kommunikationsmittel (z. B. E-Mail, Chat, Foren und Blogs)

Wie man eine Netiquette formulieren kann

Sonja App, die Autorin dieses Buches, moderiert auf XING eine dreisprachige Community zum Diversity Management namens: „: Mehr Erfolg durch Diversity / : Success via Diversity / : Diversidad y éxito empresarial". Die Community hat mehrere tausend Mitglieder aus vielen verschiedenen Ländern und ist öffentlich im Web zugänglich unter www.erfolg-durch-diversity.de.

Das Moderatorenteam hat für diese Community eine Netiquette ausgearbeitet. Hier ein kurzer Auszug aus dieser Netiquette:

"Liebe Gruppenmitglieder,

Diversity Management hat das Ziel, in Organisationen ein Klima der Wertschätzung zu etablieren, um ein konstruktives Miteinander zu ermöglichen. Dazu gehört es, unterschiedliche Meinungen zuzulassen und eine wertschätzende Diskussionskultur zu pflegen.

Die gleichen Ziele verfolgen wir in den Diskussionen in unserer Gruppe. Wir finden es sehr spannend, wenn unsere Mitglieder unterschiedliche Meinungen vertreten und Themen von verschiedenen Blickwinkeln beleuchten. Herabsetzungen von Diskussionspartnern oder Personengruppen sind jedoch in hohem Maße kontraproduktiv und werden in unserer Gruppe nicht toleriert.

Wir bitten Sie deshalb, folgende Punkte zu beachten:

(...)

- Bitte stellen Sie sich kurz im Forum „Wer wir sind" vor, wenn Sie Mitglied werden.

- Gerne können Sie sich und Ihre Diversity-Dienstleistungen in den Foren „Suche und biete", „Wer wir sind", und „Aktuelle Veranstaltungen, Aus- und Weiterbildung" vorstellen.

- Buchtipps und Hinweise auf eigene oder fremde Publikationen rund ums Diversity Management sind im Forum „Informationsquellen zum Diversity Management" stets willkommen.

(...)

- Machen Sie es anderen leicht, Ihre Beiträge zu lesen und zu beantworten. Artikel mit aussagekräftigen Betreffzeilen werden häufiger angeklickt. Ein bis zwei zielgerichtete Fragen am Ende eines Beitrags laden die anderen Gruppenmitglieder zur Diskussion ein.

- Bitte gehen Sie höflich und respektvoll mit den anderen Gruppenmitgliedern um.

- Bitte verzichten Sie auf Ironie, Zynismus sowie auf Witze auf Kosten von anderen. Denn in der virtuellen Kommunikation werden diese Dinge oft missverstanden, führen zu unnötigen Aggressionen und eher destruktiven Threads.

Das Moderatorenteam behält sich vor, ganze Artikel oder bestimmte Passagen eines Beitrags zu löschen, sofern die oben genannten Regeln nicht eingehalten werden.

(...)

Wir wünschen Ihnen und uns inspirierende, konstruktive Diskussionen.

Viele Grüße

Ihr Moderatorenteam"

Eine Netiquette, die sich an die Teammitglieder eines virtuellen Teams im Unternehmen richtet, sollte konkrete Verhaltensregeln für alle Kommunikationsmittel im Projekt enthalten. Dies bedeutet, dass Sie in Abstimmung mit Ihren Teammitgliedern spezielle Richtlinien für die E-Mail-Kommunikation, Blogs, Chats und Foren ausarbeiten, die für alle verbindlich sind.

Moderatoren für Projektblogs und Foren

Zudem sollten Sie für Foren und das Projektblog mindestens zwei Teammitglieder (die sich gegenseitig vertreten können) als Moderatoren einsetzen. Deren Aufgabe ist es, darauf zu achten, dass die Netiquette in den virtuellen Diskussionen eingehalten wird. Bei Bedarf greifen sie in die Diskussion ein. Für die Moderatoren sollten Sie eine Art „Code of Conduct" etablieren. Dieser sollte regeln, wann und in welcher Form die Moderatoren in Foren-Diskussionen eingreifen sollten. Idealerweise stimmen Sie den Code of Conduct gemeinsam mit den zukünftigen Moderatoren in Ihrem Team ab.

Glossar für Emoticons

In der Kommunikation in virtuellen Teams ist es weit verbreitet, sog. Emoticons einzusetzen, um Gefühle auszudrücken. Emoticons unterscheiden sich jedoch von Kultur zu
Kultur. Außerdem sind manche unbekannteren Emoticons
auch Mitgliedern aus demselben Kulturkreis nicht bekannt.
Damit alle Teammitglieder einem Emoticon dieselbe Bedeutung zumessen, sollte ein Glossar zu diesen Zeichen in die
Netiquette aufgenommen werden.

Folgende Emoticons sind in der westlichen Welt am bekanntesten:

:-)	Lächeln, grinsen
:-(	Traurig, verärgert sein
;-)	Zwinkern bzw. Hinweis darauf, dass diese Aussage nicht so ernst gemeint war

Social-Media- und Blog-Richtlinien

Manche Unternehmen verfügen bereits über Social-Media-
Richtlinien für die externe Kommunikation, Blog-Richtlinien
und Guidelines für die Kommunikation im Intranet. All diese
Dokumente können Sie als Basis für Ihre individuelle Projekt-
Netiquette verwenden. Kontaktieren Sie dazu die zuständigen
Funktionsträger in Ihrem Unternehmen. Eventuell gibt es auch
schon eine spezielle Netiquette, die andere Teams bereits vor
Ihnen erstellt haben. Diese können Sie z.B. im Kick-off-Mee-
ting mit Ihren Teammitgliedern besprechen und oft nach
geringfügigen Anpassungen für Ihr Projekt übernehmen. Falls

es so etwas noch nicht gibt, sollten Sie im Team selbst eine Netiquette erstellen, sie während des Projekts weiter optimieren und am Ende anderen Teams in Ihrem Unternehmen als Best Practice zur Verfügung stellen.

Wie Vertrauen entsteht

Vertrauen ist ein zentraler Erfolgsfaktor für jegliche Art von Teamarbeit. In virtuellen Teams kommt diesem Punkt jedoch eine noch größere Bedeutung zu als in Präsenzteams. Denn Sie haben nur begrenzte Kontrollmöglichkeiten und müssen sich darauf verlassen können, dass ihre Mitarbeiter die Arbeitspakete pünktlich und in guter Qualität erstellen.

Zudem müssen Sie sich so verhalten, dass Ihre Teammitglieder möglichst von Anfang an zu Ihnen Vertrauen aufbauen und sich z. B. auch beim Auftreten von Problemen und sonstigen Stolperstellen im Projekt rechtzeitig an Sie wenden. Denn nur so können Sie Risiken rechtzeitig erkennen und Ihr Projekt erfolgreich durchführen. Die räumliche Distanz stellt für alle Beteiligten beim Aufbau von Vertrauen ein Hindernis dar.

Vertrauensbildende Maßnahmen

Damit Ihre Teammitglieder bereits von Beginn an Vertrauen zu Ihnen und untereinander aufbauen können, sollten Sie bereits bei Projektstart konkrete vertrauensbildende Maßnahmen initiieren.

Die virtuelle Galerie

In der virtuellen Galerie sollten sich alle Teammitglieder ausführlich mit einem Foto vorstellen, so dass die übrigen Mitglieder zumindest einen ersten Eindruck gewinnen können. Je informativer die Profile sind, umso mehr Vertrauen entsteht bei den übrigen Teammitgliedern. Wenn die Mitglieder ihre Profile von Anfang an recht ausführlich gestalten, entdeckt vielleicht der eine oder andere Parallelen im Lebenslauf oder ein gemeinsames Hobby in den Profilen seiner Kollegen. Solche Gemeinsamkeiten schaffen ein Gefühl von Vertrautheit und stärken den Zusammenhalt. Zudem ergeben sich dann bereits bei Projektstart oft schon nette Gespräche zu neutralen Themen, die das gegenseitige Kennenlernen erleichtern.

Das Kick-off-Meeting

Auch das Kick-off-Meeting trägt maßgeblich zur Vertrauensbildung bei, insbesondere wenn es Face-to-Face stattfindet. Hier haben alle Projektbeteiligten die Möglichkeit, sich persönlich kennenzulernen und offene Fragen zu klären.

Teambuilding-Maßnahmen mit Rahmenprogramm

Teambuilding-Maßnahmen kombiniert mit einem ansprechenden Rahmenprogramm, das allen Teammitgliedern gefällt, sind eine gute Investition in den Teamerfolg. Denn häufig sind sie der Startschuss für langfristige, vertrauensvolle Beziehungen in einem Projekt.

Adäquater Medieneinsatz

Auch Medien können zur Vertrauensbildung in einem Team beitragen. In der Praxis hat sich gezeigt, dass Medien eine umso vertrauensbildendere Wirkung haben, je mehr Komponenten der Kommunikation mit ihrer Hilfe übertragen werden.

Beispiel

 Bei der E-Mail-Kommunikation und bei Chats beschränkt sich die Kommunikation auf das geschriebene Wort, in Telefonkonferenzen auf die verbale Komponente und die paraverbale Komponente, z. B. die Stimmen der Teammitglieder. Bei Videokonferenzen werden verbale, paraverbale, nonverbale und extraverbale Komponenten übertragen. Denn die Teilnehmer erhalten hier nicht nur eine verbale Botschaft von den anderen, sondern hören auch ihre Stimmen und sehen ihre Gestik und Mimik sowie den Meeting-Raum, in dem sie während der Konferenz sitzen.

In kritischen Situationen und bei der Vermittlung von wichtigen Inhalten sollten Sie daher darauf achten, dass Sie Medien einsetzen, die möglichst viele Komponenten der Kommunikation übertragen.

Zuverlässigkeit

Auch die Zuverlässigkeit der Führungskraft und der Teammitglieder trägt maßgeblich zur Vertrauensbildung bei. Dies schließt ein, dass Fragen innerhalb einer bestimmten Frist vollständig beantwortet werden. Für solche Punkte sollten Sie daher zu Beginn des Projekts Regeln festlegen.

One-to-One-Gespräche

Vor allem zu Beginn des Projekts oder bei der Integration neuer Mitarbeiter sollten Sie ausreichend Zeit für One-to-One-Gespräche reservieren. Denn viele Mitarbeiter sind in Telefon- und Videokonferenzen, an denen das ganze Team teilnimmt, sehr zurückhaltend. Wenn Sie aber wirklich genau hinter die Kulissen schauen möchten und die Bedürfnisse und die Stimmungslage jedes einzelnen Teammitglieds kennenlernen wollen, müssen Sie sich die Mühe machen, alle Mitglieder in regelmäßigen Abständen telefonisch zu kontaktieren. Wie häufig Sie One-to-One-Gespräche führen sollten, hängt ab von der

- Persönlichkeit,
- kulturellen Prägung,
- Berufserfahrung,
- Rolle/Aufgabe und
- individuellen Situation des Mitarbeiters sowie von der
- Art des Projekts und der konkreten Projektsituation.

Fairness

Ihre Entscheidungen sollten für alle Teammitglieder nachvollziehbar sein. Sie werden nur Vertrauen zu Ihnen entwickeln, wenn sie sich fair behandelt fühlen. Dies fängt bei einer gerechten Verteilung von Arbeitspaketen an und geht über die Terminierung von Telefonkonferenzen bis hin zur Vergabe von Incentives.

Offenheit

Die Basis für Fairness ist Offenheit. Nur wenn Sie wichtige Entscheidungen im Projekt klar und deutlich kommunizieren, werden sie für Ihre Teammitglieder auch nachvollziehbar sein. Zudem sollten Sie offen für Vorschläge und Ideen Ihrer Teammitglieder sein. Mitgliedern aus anderen Kulturen sollten Sie genauso offen begegnen wie denjenigen, die aus Ihrem eigenen Kulturkreis stammen.

Konstruktiver Umgang mit Krisen und Konflikten

Damit alle Teammitglieder während des Projekts das erforderliche Maß an Vertrauen aufbauen, ist es sehr wichtig, dass Sie konstruktiv mit Krisen und Konflikten umgehen. Die Suche nach Schuldigen und Bauernopfern bei Problemen im Projekt und/oder die harsche Kritik an Mitarbeitern in Telefonkonferenzen vor anderen Teilnehmern wirken sich eher kontraproduktiv auf die Bildung von Vertrauen aus. Erfolgreich bewältigte Krisen sowie konstruktiv gelöste Konflikte stärken dagegen das Wir-Gefühl und das gegenseitige Vertrauen.

Wie Sie über Distanz motivieren

Wenn Sie ein interkulturelles virtuelles Team führen, ist es wahrscheinlich, dass Ihr Team aus sehr unterschiedlichen Charakteren besteht. Dies bedingt, dass Sie Ihre Mitarbeiter auch auf sehr unterschiedliche Art und Weise motivieren sollten.

Es gibt die folgenden zwei Arten von Motivation:

- intrinsische Motivation: Das Teammitglied hat Spaß an seiner Rolle und den Aufgaben im Projekt unabhängig von äußeren Einflüssen
- extrinsische Motivation: Steuerung der Motivation über externe Anreize, wie z. B. Lob, Anerkennung, Entlohnung und Incentives

Ob bei Ihren Teammitgliedern eher die intrinsische oder die extrinsische Motivation überwiegt, hängt u. a. von folgenden Faktoren ab:

- persönliche Lebensgeschichte
- familiäre Prägung
- kulturelle Prägung
- aktuelle Lebenssituation
- Persönlichkeit und individuelle Vorlieben (z. B. Reisen als Hobby, Faible für neue Technologien)

Trotz dieser Unterscheidung gibt es bestimmte Methoden, mit denen Sie alle Teammitglieder motivieren können. Dazu gehört z. B. die Motivation über gemeinsame Ziele.

Motivation über Ziele

Es ist wichtig, dass die übergeordneten Unternehmensziele sowohl zu den Bereichs- und Projektzielen als auch zu den Zielen jedes einzelnen Teammitglieds passen.

Beispiel

 Ein Unternehmen möchte an allen Standorten Enterprise 2.0 einführen. Daher wird ein großes Change-Management-Projekt auf internationaler Ebene aufgesetzt. Stefan Müller soll die Projektleitung übernehmen. Er hat schon verschiedene Change-Management-Projekte erfolgreich geleitet und hat eine hohe Affinität zu Social Media und Social Software. Das Projekt bietet ihm die Chance, sein Knowhow auf internationaler Ebene einzusetzen. Er kann sich sowohl mit den übergeordneten Unternehmenszielen als auch mit den Projektzielen sehr gut identifizieren. Zudem freut er sich sehr, dass er sein Knowhow auf globaler Ebene einsetzen kann und bei einem grundlegenden Wandel in der Arbeitskultur seines Unternehmens eine Schlüsselposition einnimmt.

Um abzuklären, ob die persönlichen Ziele tatsächlich zu den Projektzielen passen, sollten Sie daher mit allen in Frage kommenden Teammitgliedern vor Projektstart ausführliche Gespräche führen. Denn wenn die persönlichen Ziele eines Mitarbeiters und die Projektziele nicht im Einklang stehen, wird es für Sie sehr schwierig sein, den betreffenden Mitarbeiter zu motivieren.

Finden Sie heraus, was Ihre Teammitglieder motiviert

Während vielleicht die alleinerziehende Mutter sehr dankbar ist, wenn sie nicht ständig reisen muss, können Sie einen Junior Berater vielleicht damit motivieren, dass er Teil eines internationalen Projektteams ist, viel ins Ausland reisen und in kurzer Zeit viele Erfahrungen auf internationalem Terrain sammeln kann.

Um herauszufinden, was jedes einzelne Teammitglied motiviert, sollten Sie z.B. die regelmäßigen One-to-One-Gespräche nutzen. Dabei können Sie das Gespräch gezielt auf verschiedene Motivationsfaktoren lenken. An der Reaktion des
jeweiligen Teammitglieds sehen Sie dann, über welche Faktoren Sie die betreffende Person motivieren können. Zudem
werden Sie in Gesprächen dieser Art erkennen, bei wem eher
die intrinsische oder die extrinsische Motivation überwiegt.

Motivationsfördernde Faktoren

Die folgenden Faktoren können für Mitglieder virtueller Teams
motivationsfördernd sein:

- Lob, Anerkennung und Wertschätzung
- Wir-Gefühl im Team
- selbstbestimmtes Arbeiten
- freie Zeiteinteilung
- raumunabhängiges Arbeiten
- bessere Vereinbarkeit von Beruf, Familie und Hobbys
- weniger Dienstreisen und damit mehr Zeit fürs Privatleben
- Mitarbeit in einem globalen Projekt
- intensive Zusammenarbeit mit Kollegen aus anderen Kulturen
- Mitarbeit in einem innovativen Projekt
- gezielte Personalentwicklungsmaßnahmen
- attraktive Entlohnung und Incentives

Motivationshemmende Faktoren

Als motivationshemmend können von Mitgliedern virtueller Teams u.a. folgende Punkte gesehen werden:

- Isolation im Home Office
- mangelndes Wir-Gefühl
- zu wenig Kontakt mit der Führungskraft und den übrigen Teammitgliedern
- unpersönliche Kommunikation über bestimmte Medien
- Bringschulden werden nicht oder nicht pünktlich erledigt
- zu wenig Anerkennung nach der Devise „Aus den Augen, aus dem Sinn.": Nachteile bei Gehaltserhöhungen und der Vergabe von Incentives wegen der „Unsichtbarkeit" von Teammitgliedern an anderen Orten

Reservieren Sie sich ausreichend Zeit für One-to-One-Gespräche mit all Ihren Teammitgliedern, um deren individuelle Motivationssysteme kennenzulernen. Analysieren Sie das Feedback sorgfältig und versuchen Sie, jeden Mitarbeiter auf die für ihn passende Art und Weise zu motivieren.

Wie Sie konstruktiv mit Konflikten umgehen

Ein interkulturelles virtuelles Team setzt sich wahrscheinlich aus sehr unterschiedlichen Persönlichkeiten zusammen. Hinzu kommt, dass ein Großteil der Kommunikation über moderne Medien erfolgt und viele Teammitglieder nicht in ihrer Muttersprache kommunizieren. All diese Aspekte können dazu führen, dass es zu Meinungsverschiedenheiten und vielleicht sogar zu größeren Konflikten kommt. Es ist eine große Herausforderung, in einem virtuellen Team einen Konflikt rechtzeitig zu erkennen. Daher sollten Sie stets sehr sensible Antennen für Unstimmigkeiten aller Art in Ihrem Projekt haben, so dass sich größere Konflikte mit verhärteten Fronten erst gar nicht entwickeln können.

Mögliche Ursachen von Konflikten

Mediengestützte Kommunikation

In Teams, in denen die Mitglieder fast ausschließlich virtuell kommunizieren, konstruiert jeder seine eigene Realität und interpretiert z. B. bestimmte Reaktionen oder E-Mail-Inhalte von anderen auf seine Art und Weise. Manchmal sind diese Interpretationen schlichtweg falsch und führen deswegen zu Konflikten.

Beispiel

Tanja Schmid hat mehrmals versucht, Roland Baum telefonisch zu erreichen. Seine Leitung ist jedoch ständig belegt. Sie hinterlässt ihm am Bildschirm eine kurze Chat-Nachricht mit der Bitte um Rückruf, da sie eine wichtige Frage hat. Roland Baum ist an diesem Tag sehr gestresst, seine Linienaufgaben kollidieren gerade mit seinen Projektaufgaben. Als er sein Telefonat beendet hat, stellt er fest, dass ein Meeting vor Ort, in dem er eine tragende Rolle spielt, schon vor fünf Minuten angefangen hat. Er hetzt daher zu dem betreffenden Meeting-Raum und übersieht die Nachricht von Tanja Schmid auf seinem Bildschirm. Die Klärung dieser Frage ist für Tanja Schmid sehr wichtig. Je mehr Zeit vergeht, desto schlechter wird ihre Stimmung. Sie fühlt sich nicht ernst genommen und denkt: „Wenn es brennt, erreicht man hier ja nie jemanden". Ihre Laune verschlechtert sich zunehmend

> und ihre Motivation sinkt. Sie ist der Ansicht, dass Roland Baum
> unzuverlässig ist.

Situationen wie im oben beschriebenen Beispiel kommen in der virtuellen Zusammenarbeit sehr häufig vor. Sie führen zwar zu Unstimmigkeiten, müssen aber nicht zwangsläufig in größeren Konflikten enden. Allerdings besteht die Gefahr, dass sich solche kleineren Unstimmigkeiten in der virtuellen Kommunikation „hochschaukeln".

Beispiel

> Eine Stunde später: Tanja Schmid ist mittlerweile total verärgert, weil Roland Baum sie immer noch nicht zurückgerufen hat. In diesem Zustand schreibt sie ihm eine E-Mail und bringt ihre Verärgerung deutlich zum Ausdruck. Sie legt dabei ihre Worte nicht gerade auf die Goldwaage. Weitere zwei Stunden später kehrt Roland Baum nach einem anstrengenden Meeting an seinen Arbeitsplatz zurück und liest die unhöfliche E-Mail. Er ist sehr verärgert und denkt sich: „Warum regt die sich denn so auf? Ich kann ja nicht auf allen Hochzeiten gleichzeitig tanzen. Wenn die wüsste, was heute hier alles los war ...!" Da es schon relativ spät ist, beschließt er, die Angelegenheit am nächsten Tag zu klären.

So mancher Mitarbeiter würde sich wahrscheinlich an Stelle von Roland Baum ungerecht behandelt fühlen und Tanja Schmid noch am selben Tag eine E-Mail schreiben, die wiederum seine große Verärgerung zum Ausdruck bringen würde. Dies wäre dann der Beginn eines recht destruktiven Ping-Pong-Spiels via E-Mail, das im Worst Case zu einem handfesten Konflikt führt.

Folgende Spielregeln helfen Ihnen und Ihren Mitarbeitern, solche medieninduzierten Konflikte zu vermeiden:

- Interpretieren Sie „undurchsichtige" Situationen nicht, bevor Sie mit Ihrem Gegenüber gesprochen haben.

- Versetzen Sie sich in die Lage Ihres Gegenübers.

- Halten Sie sich in der virtuellen Kommunikation stets an die Netiquette.

- Kommunizieren Sie klar und deutlich.

- Nehmen Sie sich ausreichend Zeit für die Formulierung wichtiger Inhalte.

- Schreiben und versenden Sie keine E-Mails, wenn Sie sehr gestresst und verärgert sind. Wahrscheinlich bereuen Sie dies kurze Zeit später – dann hat aber Ihr Kommunikationspartner eventuell schon „zurückgeschlagen".

- Speichern Sie besonders wichtige E-Mails nach dem Formulieren erst im Entwurfsordner und prüfen Sie sie einige Stunden später nochmals, bevor sie diese abschicken.

- Stellen Sie sicher, dass alle Teammitglieder mit den eingesetzten Medien vertraut sind und investieren Sie in Trainingsmaßnahmen zum Aufbau von Medienkompetenz.

Interkulturelle Konflikte

In globalen Teams entstehen manche Konflikte aufgrund der unterschiedlichen kulturellen Prägung der Teammitglieder.

Je nach kulturellem Hintergrund und Religion bringen die Mitarbeiter ihr ganz persönliches Wertesystem und ihr Verständnis von konstruktiver Zusammenarbeit und guter Kommunikation in die Teamarbeit ein. Hinzu kommen oft noch ein vollkommen anderer Arbeitsrhythmus und ein anderes Zeitverständnis. Die Summe all dieser Unterschiede kann zu Unstimmigkeiten führen.

Beispiel

 Viele Deutsche trennen Berufliches strikt von Privatem und kommen in Business-Meetings nach einer nur wenige Minuten dauernden Small-Talk-Phase gleich zum eigentlichen Thema. Für Mitglieder vieler anderer Kulturen ist es jedoch für den Aufbau von Vertrauen in neuen Geschäftsbeziehungen von großer Bedeutung, ihre Partner erst einmal gut kennenzulernen. Dies schließt auch Fragen zu deren Privatleben und eine sehr ausführliche Small-Talk-Phase zu Beginn eines Meetings ein. Manche Deutsche empfinden ihre ausländischen Geschäftspartner deswegen als neugierig und ineffektiv. Ausländische Geschäftspartner beklagen sich demgegenüber, dass manche Deutsche unnahbar seien, weil sie relativ schnell zum Punkt kommen wollen und Fragen zu ihrem Privatleben eher abblocken.

Interkulturelle Konflikte können sehr viele Ursachen haben. Diese reichen von sprachlichen Missverständnissen bis hin zu Vorurteilen oder unterschiedlichen Wertesystemen. Es gibt daher leider keine Pauschallösungen.

Auch das Verhalten im Konfliktfall unterscheidet sich von Kultur zu Kultur sehr. In manchen Kulturen wird eher indirekt kommuniziert. Daher kann es sein, dass einige Ihrer Teammitglieder wenig Bereitschaft mitbringen, sich offen mit dem Konflikt auseinanderzusetzen. Um stets das Gesicht wahren zu können, werden manche vielleicht sogar leugnen, dass es überhaupt einen Konflikt gibt.

Folgende Punkte helfen Ihnen, interkulturelle Konflikte zu vermeiden:

- Sensibilisieren Sie Ihre Mitarbeiter für die kulturellen Unterschiede in der Zusammenarbeit und für den unterschiedlichen Umgang mit Konflikten bereits beim Kick-off-Meeting.

- Bieten Sie interkulturelle Trainings und/oder Coachings an.

- Gehen Sie mit gutem Beispiel voran und zeigen Sie sich stets offen für andere/fremde Sichtweisen, Vorschläge und Ideen von Teammitgliedern, die nicht aus Ihrem Kulturkreis stammen.

- Fördern Sie den Austausch durch interkulturelle E-Tandems zum Sprachenlernen oder E-Patenschaften.

Unterschiedliche Machtpositionen

Virtuelle Projekte werden oft von der Zentrale des Unternehmens aus gesteuert. Die Zentrale hat in der Regel auch das letzte Wort, wenn es um die Fragen zur Umsetzung eines Projekts geht. Hier sind Konflikte vorprogrammiert. Denn Standards und Regeln werden oft in der Zentrale verabschiedet und ohne Modifikation in andere Länder ausgerollt. Manchmal passen diese Standards und Regeln aber nicht zu den dortigen Rahmenbedingungen und die betreffenden Mitarbeiter weigern sich dann, diese 1:1 zu übernehmen.

Auch bei der Terminierung von Telefonkonferenzen haben oft die Minderheiten in einem Projekt das Nachsehen.

Folgende Punkte helfen Ihnen, Konflikte aufgrund unterschiedlicher Machtpositionen zu vermeiden:

- Achten Sie darauf, dass Teammitglieder, die im Projekt eine Minderheit darstellen (z. B., weil sie in einer anderen Zeitzone arbeiten) keine Nachteile haben.

- Nutzen Sie die One-to-One-Gespräche, um verdeckte Machtkämpfe frühzeitig zu erkennen.

- Pflegen Sie einen partizipativen Führungsstil und geben Sie Teammitgliedern, die nicht aus der Zentrale stammen, die Möglichkeit, länderspezifische Modifikationen an Regeln aus der Zentrale vorzunehmen.

Projektaufgaben versus Linienaufgaben

Da wahrscheinlich die meisten Ihrer Teammitglieder sowohl Mitglied eines Linienteams als auch eines Projektteams sind, ist es durchaus wahrscheinlich, dass es im Laufe eines Projekts zu Interessenkonflikten zwischen Linien- und Projektaufgaben kommt. Dies ist insbesondere dann der Fall, wenn sich die Rahmenbedingungen in einem der beiden Bereiche – z. B. in der Urlaubszeit – ändern und ein erhöhter Arbeitsaufwand bewältigt werden muss. Sofern der Linienvorgesetzte und der Projektleiter hier zu keiner Einigung kommen, kann es für das betreffende Teammitglied sehr unangenehm werden. Der Druck erhöht sich von beiden Seiten. Häufig ist es so, dass der Linienvorgesetzte zu wenig Einblick in die virtuellen Projekte seiner Mitarbeiter hat und daher nicht genau einschätzen kann, wie arbeitsintensiv diese sind. Dadurch kommen die Mitarbeiter oft in die Situation, dass sie sich ausführlich rechtfertigen und abgrenzen müssen, um sich vor einer dauerhaften Überforderung zu schützen. Jedoch gelingt es nicht allen Mitarbeitern, sich durchzusetzen und rechtzeitig „Nein" zu sagen. Die Folgen davon sind oft Krankheit durch Überforderung, innere Kündigung, Ausstieg aus dem Projekt oder tatsächliche Kündigung.

Wie Sie Interessenkonflikte zwischen Projekt- und Linienaufgaben vermeiden:

- Planen Sie viele Pufferzeiten in Ihr Projekt ein.

- Stimmen Sie sich mit den Linienvorgesetzten ab und pflegen Sie regelmäßig Kontakt zu ihnen.

- Suchen Sie bei unvorhergesehener Mehrarbeit konstruktive Lösungen in Kooperation mit dem Linienvorgesetzten und Ihrem Teammitglied.

- Achten Sie darauf, dass Ihre Teammitglieder nicht zwischen die Fronten geraten und integrieren Sie bei veränderten Rahmenbedingungen zusätzliche Mitarbeiter in Ihr Team.

Neben den oben genannten Ursachen für Konflikte in virtuellen Teams gibt es – wie in Präsenzteams – noch zahlreiche weitere Auslöser. Dazu zählen die spezifischen Rahmenbedingungen in Unternehmen und Abteilungen, die Persönlichkeiten einzelner Mitarbeiter, größere Veränderungen im Projekt, die Integration neuer Teammitglieder und vieles mehr.

Konstruktiver Umgang mit Konflikten

Obwohl es relativ viele Möglichkeiten gibt, Konflikte in einem virtuellen Team zu vermeiden, werden sie sich dennoch nicht gänzlich verhindern lassen. Stellen Sie sich daher von Anfang an darauf ein, dass es Konflikte geben wird. Sie sollten diese jedoch so konstruktiv wie möglich lösen. Sehen Sie Konflikte nicht nur als etwas Negatives, sie können auch sehr nützlich sein. Manche Teams wachsen nach konstruktiv gelösten Konflikten sogar über sich selbst hinaus und werden zu wahren Hochleistungsteams. Denn konstruktiv gelöste Konflikte tragen dazu bei, das Wir-Gefühl im Team zu verstärken und gemeinsam positiv in die Zukunft zu blicken.

Es ist sinnvoll, sich schon vorab zu überlegen, welche Schritte Sie unternehmen könnten, wenn es einen Konflikt in Ihrem Team gibt. Wenn Sie dies erst im Ernstfall machen, geht Ihnen wertvolle Zeit für die Lösung des Konflikts verloren. Zudem können Sie so schon relativ frühzeitig in die Konfliktspirale eingreifen und sich bei Bedarf auch rechtzeitig Hilfe von externen Experten holen.

Sofern Sie in einer Telefonkonferenz, durch das virtuelle Stimmungsbarometer oder in Foren den Eindruck gewonnen haben, dass es ein paar Unstimmigkeiten im Team gibt, können Sie wie folgt vorgehen:

- Sprechen Sie die betreffenden Teammitglieder einzeln – z. B. in einem Telefonat – darauf an.

Beispiel

„Herr Blau, im Forum X habe ich gelesen, dass Sie unzufrieden mit dem Verlauf des Teilprojekts Y sind. Bitte erläutern Sie kurz

Ihren Standpunkt. Was könnte man Ihrer Ansicht nach anders machen?"

- Sprechen Sie das Thema Konfliktmanagement im Team bereits beim Kick-off-Meeting an und vereinbaren Sie mit Ihren Teammitgliedern eine konkrete Vorgehensweise für den Konfliktfall.

- Hören Sie Ihrem Gesprächspartner genau zu und versetzen Sie sich in dessen Lage.

- Fragen Sie ihn nach seinen Zielen, Wünschen und Bedürfnissen.

- Vermeiden Sie Schuldzuweisungen.

- Versuchen Sie stets einen Interessenausgleich zu finden, aus dem alle Parteien als Gewinner hervorgehen, denn Verlierer neigen dazu sich zu rächen.

- Klären Sie Konflikte, wenn möglich, in einem persönlichen Gespräch.

- Falls ein persönliches Gespräch nicht möglich ist, wählen Sie Medien, die möglichst viele Komponenten der Kommunikation berücksichtigen. Machen Sie z.B. eine Videokonferenz. Denn so können Sie anhand der Gestik, Mimik und dem Tonfall Ihrer Gesprächspartner auch deren Stimmung erkennen.

- Setzen Sie bei Bedarf einen externen Coach oder Mediator ein, der Sie bei der Lösung von größeren Teamkonflikten unterstützt.

- Integrieren Sie das Thema Konfliktmanagement in die Teambuilding-Maßnahmen Ihres Teams.

Auf einen Blick: Arbeitskultur in virtuellen Teams

- Die Technik spielt eine große Rolle in virtuellen Teams. Aber: Der Faktor Mensch ist nicht zu unterschätzen. Für einige Mitarbeiter ist der persönliche Austausch sehr wichtig.

- Die Arbeit in virtuellen Teams verlangt oft hohe zeitliche Flexibilität von den Mitarbeitern. Führungskräfte sollten ihnen Orientierungshilfen anbieten und darauf achten, dass ihre Work-Life-Balance auch in arbeitsintensiven Phasen nicht zu kurz kommt.

- Eine Team-Netiquette, Social-Media-Richtlinien und ein Emoticon-Glossar helfen dabei, Missverständnisse und Konflikte in der Kommunikation zu vermeiden.

- Vertrauen spielt bei der Zusammenarbeit auf Distanz eine zentrale Rolle. Es kann u. a. durch eine virtuelle Galerie und Teambuilding-Maßnahmen aufgebaut werden.

- Konflikte in virtuellen Teams können z. B. aufgrund von interkulturellen Missverständnissen oder durch den Einsatz bestimmter Medien entstehen. Der konstruktive Umgang mit ihnen verlangt viel Fingerspitzengefühl.

Interkulturelle Zusammenarbeit

Virtuelle Teams sind oft international besetzt. So treffen Menschen mit unterschiedlichen kulturellen Prägungen aufeinander.

In diesem Kapitel lesen Sie,

- wie Sie ein interkulturelles Team führen,
- wie Sie die kulturellen Unterschiede effektiv in der Teamarbeit nutzen und
- wie Sie und Ihre Teammitglieder interkulturelle Kompetenz aufbauen.

Was interkulturelle Teams so besonders macht

Sehr häufig stammen die Mitglieder virtueller Teams aus unterschiedlichen Kulturen. Mit diesen sollten Sie sich bereits vor Projektstart auseinandersetzen. Denn die kulturelle Prägung Ihrer Teammitglieder wirkt sich auch auf deren Arbeitsstil aus.

Die Unterschiede: Andere Länder, andere Sitten

Die spezifischen Herausforderungen von interkulturellen Teams liegen in deren Heterogenität. Sie benötigen eine ausgeprägte Diversity-Kompetenz, um Ihr Team erfolgreich zu führen. Stellen Sie sich daher darauf ein, dass es wahrscheinlich zu bestimmten Themen in Ihrem Projekt längere Diskussionen geben wird. Aufgrund der vielfältigen Charaktere und unterschiedlichen kulturellen Prägungen wird ihr Team jedoch auch vor Kreativität sprühen, und Sie werden wahrscheinlich bei Brainstormings eine höhere Ideenvielfalt haben, als dies in monokulturellen Teams üblich ist. Um Ihr interkulturelles Team effektiv führen zu können, sollten Sie sich mit folgenden Themen auseinandersetzen:

Kommunikation

Da in internationalen virtuellen Projekten meist Englisch als gemeinsame Projektsprache gewählt wird, kommunizieren die meisten Teammitglieder nicht in ihrer Muttersprache. Zudem werden sie – je nach kultureller Herkunft – eher direkt oder indirekt kommunizieren.

Beispiel

 Alexander Wagner ist Projektleiter in einem internationalen Software-Projekt. Er arbeitet mit Software-Entwicklern aus der ganzen Welt zusammen. Per E-Mail erkundigt er sich nach dem Status eines Teilprojekts, das federführend von einigen indischen Kollegen ausgeführt wird. Ein indischer Kollege antwortet ihm zwar nach einigen Tagen sehr höflich, hält sich aber insgesamt bedeckt und macht keine konkreten Aussagen darüber, ob die relevanten Termine in dem Teilprojekt eingehalten werden können oder nicht. Alexander Wagner hat eine klare Auskunft erwartet, aber nur vage Aussagen bekommen und weiß letztendlich nicht, ob die indischen Kollegen das Teilprojekt wie geplant ausführen können oder nicht.

Kulturelle Unterschiede im Führungsstil

Die Führungsstile unterscheiden sich von Kultur zu Kultur sehr stark. Es ist durchaus möglich, dass einige Personen in Ihrem Team vom autoritären Führungsstil ihrer Linienführungskraft geprägt sind. Sofern Sie selbst kooperativ führen, kann dies zu Beginn der Zusammenarbeit bei diesen Teammitgliedern zu Irritationen führen. Denn sie sind es gewohnt, dass ihre Führungskraft stets sagt, was zu tun ist.

Beispiel

 Die meisten deutschen Mitarbeiter arbeiten gerne selbstverantwortlich und erwarten von ihrer Führungskraft einen großen Handlungs- und Entscheidungsspielraum. Viele Franzosen und Spanier erwarten dagegen, dass ihre Führungskraft ihnen sagt, was zu tun ist. Ein autoritärer Führungsstil wird in diesen Ländern nicht nur akzeptiert, sondern meist von den Mitarbeitern

erwartet. Manchmal ist es sogar so, dass es dort als Führungs-
schwäche ausgelegt wird, wenn eine Führungskraft ihre Mitarbeiter in Entscheidungen einbezieht.

Unterschiedlicher Arbeitsrhythmus

Wenn Sie ein interkulturelles virtuelles Team führen, müssen
Sie nicht nur auf Zeitverschiebungen, sondern auch auf den
unterschiedlichen Arbeitsrhythmus Ihrer Teammitglieder achten. Manchmal unterscheidet sich dieser sogar dann, wenn sie
zwar in derselben Zeitzone arbeiten, jedoch aus unterschiedlichen Kulturen stammen.

Beispiel

 Obwohl Spanien in derselben Zeitzone liegt wie Deutschland,
unterscheidet sich der Arbeitsrhythmus von Spaniern und Deutschen grundlegend voneinander. Während viele Deutsche zwischen 12 und 12:30 Uhr eine relativ kurze Mittagspause machen,
ist es in Spanien üblich, frühestens um 14:30 Uhr in die Mittagspause zu gehen. Zudem machen Spanier meist eine Mittagspause
von mindestens einer Stunde. Sie arbeiten jedoch in der Regel
abends länger als Deutsche.

Außerdem haben andere Länder oft auch andere Schulferien-
zeiten und Feiertage. Dadurch werden sich die Urlaubswünsche der Teammitglieder stark voneinander unterscheiden. In
manchen wärmeren Ländern ist es außerdem üblich, in der
heißen Jahreszeit weniger Stunden am Tag zu arbeiten und
dies durch eine Mehrarbeit in kühleren Jahreszeiten aus-
zugleichen. All diese kulturellen Unterschiede haben Auswirkungen auf die Projektplanung. Werden sie nicht berücksichtigt, kann dies zu unnötigen Verzögerungen führen.

Unterschiedliches Zeitverständnis

Auch das Zeitverständnis unterscheidet sich von Kultur zu Kultur recht stark.

Beispiel

 Deutsche haben ein monochrones Zeitverständnis. Dies bedeutet z.B., dass sie in der Regel die Aufgaben in einem Projektplan Step by Step abarbeiten, großen Wert auf Pünktlichkeit legen und Deadlines einhalten. Viele andere Kulturen – z.B. Araber – haben ein polychrones Zeitverständnis. Menschen mit einem solchen Zeitverständnis arbeiten oft parallel an verschiedenen Aufgaben. Sie können meist gut improvisieren. Deadlines sind für sie jedoch nicht so wichtig wie für Mitarbeiter mit monochronem Zeitverständnis.

Je nachdem von welcher Kultur Ihre Teammitglieder geprägt sind, wird sich zeigen, wie verbindlich sie Termine im Projekt einhalten oder wie pünktlich sie sich in Telefonkonferenzen einwählen. Hüten Sie sich jedoch davor, Teammitglieder gleich als unzuverlässig abzustempeln, wenn diese einmal etwas verspätet ihr Soll erfüllen. Dies kann viele Ursachen haben und hängt eventuell mit dem unterschiedlichen Zeitverständnis zusammen. Da gewissen Kulturen jedoch teilweise schon der Ruf der Unpünktlichkeit vorauseilt, zeigt sich in Projekten manchmal, dass Teammitglieder aus diesen Kulturen sich bewusst bemühen, sehr pünktlich zu sein. Dies führt dazu, dass Sie manchmal überrascht sein werden, wer wie pünktlich seine Bringschulden erfüllt, und dass Sie vielleicht Ihre eigenen Klischees bezüglich bestimmter Kulturen überdenken sollten.

Beispiel

Der spanische E-Business-Manager Rambo Ricardo ist ein paar Tage in München und hat u.a. an einem Montagmorgen um 9 Uhr ein Meeting mit Victoria Mayer, die ein globales E-Business-Team leitet. Victoria Mayer vermutet, dass alle Spanier nicht so pünktlich sind und denkt daher, dass Rambo Ricardo nicht pünktlich um 9 Uhr im Meeting-Raum sein wird. Sie lässt sich daher etwas Zeit und trinkt noch in Ruhe mit einer Kollegin einen Kaffee. Um 9:05 Uhr trifft sie dann im Meeting-Raum ein und stellt fest, dass ihr Kollege dort bereits seit einer Viertelstunde auf sie wartet. Hätte Victoria Mayer einen Termin mit einem deutschen Kollegen gehabt, wäre sie wahrscheinlich spätestens um 8:55 Uhr da gewesen. Aufgrund ihrer Klischees hat Victoria Mayer ihr Verhalten in dieser Situation verändert. Im Gegenzug ist Rambo Ricardo davon ausgegangen, dass die deutsche Victoria Mayer sicherlich pünktlich sein wird.

Kulturelle Unterschiede beim Wertesystem

Teammitglieder aus anderen Kulturen sprechen nicht nur andere Sprachen, sondern haben eventuell auch ein Wertesystem, das sich grundlegend von Ihrem und dem der übrigen Teammitglieder unterscheidet.

Beispiel

In Kulturen mit monochronem Zeitverständnis spielt Pünktlichkeit eine große Rolle. In der Regel wird es in solchen Kulturen als unhöflich empfunden, wenn Geschäftspartner zu wichtigen Meetings mehr als eine halbe Stunde zu spät kommen. Zudem gilt es als schlechte Angewohnheit, wenn man seine Gesprächspartner nicht ausreden lässt. In polychronen Kulturen spielt Pünktlichkeit keine so große Rolle. Es wird akzeptiert, wenn jemand später zu einem Meeting kommt, weil er eine andere wichtige Aufgabe zu erledigen hatte. Außerdem empfinden es Mitarbeiter aus polychronen Kulturen nicht als unhöflich, wenn mehrere Leute gleichzeitig in einem Meeting reden.

Wie stark hier die Unterschiede sind, werden Sie wahrscheinlich erst im Laufe des Projekts im Detail herausfinden – z. B. in sehr stressigen Phasen oder wenn es Konflikte im Team gibt.

Andere Religionen

Die Mitglieder eines globalen Teams gehören wahrscheinlich verschiedenen Religionen an. Es ist wichtig, dass Sie sich schon vor Projektstart Grundkenntnisse über diese Religionen aneignen. Denn auch der Glaube eines Mitarbeiters kann Auswirkungen auf den Verlauf Ihres Projekts haben. Sie sollten z. B. die wichtigsten Feiertage der Religionen kennen, denen Ihre Teammitglieder angehören. Zudem sollten Sie vor Präsenzmeetings klären, ob jemand aus religiösen Gründen bestimmte Nahrungsmittel nicht zu sich nimmt oder zu bestimmten Zeiten fasten möchte.

Umgang mit Vorurteilen

Obwohl es offensichtlich ist, dass wir alle Vorurteile haben, geben dies die wenigsten Menschen zu. Im Hinblick auf Kulturen entstehen Vorurteile in der Regel durch die Erfahrungen, die wir mit Menschen aus diesen Kulturen gemacht haben, sowie die familiäre und gesellschaftliche Prägung. Jeder sollte sich die Mühe machen, regelmäßig innezuhalten und seine eigenen Vorurteile und deren Entstehungsgeschichte zu überdenken. Insbesondere in interkulturellen virtuellen Projekten ist es von großer Bedeutung, dass man den übrigen Teammitgliedern offen begegnet und sich in der Zusammenarbeit nicht von Vorurteilen leiten lässt.

Im Rahmen einer Teambuilding-Maßnahme könnten Sie z.B. folgende Übung machen, die Ihre Teammitglieder zum Nachdenken über andere Kulturen anregt.

Übung: Nachdenken über andere Kulturen

In Ihrem Team gibt es Mitglieder, die aus folgenden Kulturen stammen: Deutschland, Spanien und USA. Bilden Sie drei homogene Gruppen, die jeweils aus Angehörigen einer Nation bestehen.

Lassen Sie die deutsche Gruppe folgende Fragen beantworten:

- Wie sehen wir uns selbst?
- Wie sehen wir die Spanier?
- Wie sehen wir die US-Amerikaner
- Wie sehen uns die Spanier?
- Wie sehen uns die US-Amerikaner?

Lassen Sie die US-amerikanische Gruppe folgende Fragen beantworten:

- Wie sehen wir uns selbst?
- Wie sehen wir die Spanier?
- Wie sehen wir die Deutschen?
- Wie sehen uns die Spanier?
- Wie sehen uns die Deutschen?

Lassen Sie die spanische Gruppe folgende Fragen beantworten:

- Wie sehen wir uns selbst?
- Wie sehen wir die US-Amerikaner?
- Wie sehen wir die Deutschen?
- Wie sehen uns die US-Amerikaner
- Wie sehen uns die Deutschen?

Bei dieser Übung geht es darum herauszufinden, welches Selbstbild (Wie sehen wir uns selbst?), welches Fremdbild (Wie sehen wir andere Kulturen?) und welches Metabild (Was vermuten wir, was andere über uns denken?) Ihre Teammitglieder aus den einzelnen Kulturen haben.

Bei der Auswertung werden Sie wahrscheinlich feststellen, dass es bei einigen Punkten Übereinstimmungen zwischen Selbstbild, Fremdbild und Metabild gibt, während es bei anderen Punkten Abweichungen geben wird. Meist entwickeln sich gerade zu den Punkten, bei denen es große Diskrepanzen gab, spannende Diskussionen.

Einsatz von Medien und Arbeitsmitteln

Auch die Vorlieben für bestimmte Medien, Software und andere Arbeitsmittel unterscheiden sich von Kultur zu Kultur. Während Deutsche oft sehr gerne und ausführlich per E-Mail kommunizieren, ist dies eventuell einigen Ihrer Teammitgliedern aus anderen Kulturen zu umständlich oder unpersönlich. Insbesondere ziehen es Südeuropäer, wie Italiener und Spa-

nier, eher vor, ihre Kollegen anzurufen als lange E-Mails hin-
und herzuschicken.

Zu diesen kulturellen Vorlieben kommen oft noch persönliche
Vorlieben für bestimmte Medien und Arbeitsmittel dazu.
Neben dem kulturellen Hintergrund spielt hier auch noch das
Alter der Teammitglieder eine große Rolle. Die Vorlieben für
bestimmte Medien und Tools werden Sie auch daran erkennen, wie jemand sein Profil in der virtuellen Galerie gestaltet
oder wie häufig er für das Innovationsblog oder in bestimmten Fachforen im Projekt Beiträge schreibt. Die folgende
Checkliste liefert Ihnen einen Überblick, welche Punkte Sie
bei der Führung interkultureller virtueller Teams beachten
sollten.

Checkliste: Führung interkultureller virtueller Teams

- Evaluieren Sie zu Beginn des Projekts – z.B. in den
  Interviews vor Projektstart und im Kick-off-Meeting –,
  von welchen Führungsstilen Ihre Teammitglieder geprägt sind.

- Nutzen Sie die One-to-One-Gespräche, um sich Feedback zu Ihrem Führungsstil bei den einzelnen Teammitgliedern einzuholen.

- Führen Sie zu Beginn des Projekts mehr One-to-One-
  Gespräche insbesondere mit solchen Teammitgliedern,
  die mit Ihrem Führungsstil noch nicht vertraut sind bzw.
  bisher sehr autoritär geführt wurden.

- Berücksichtigen Sie Zeitverschiebungen bei der Planung
  von Meetings und Konferenzen aller Art.

- Berücksichtigen Sie den kulturell geprägten und individuellen Arbeitsstil Ihrer Teammitglieder.

- Achten Sie auf länderspezifische Besonderheiten bei der Projektplanung, wie z.B. Schulferien, Feiertage, Klima.

- Stimmen Sie zu Beginn des Projekts die gewünschten Urlaubstermine ab.

- Berücksichtigen Sie, dass Ihre Teammitglieder eventuell ein unterschiedliches Zeitverständnis haben und planen Sie dies bei der Festlegung von wichtigen Terminen (ggf. mit Pufferzeiten) ein.

- Berücksichtigen Sie, dass die Mitarbeiter eventuell unterschiedliche Wertesysteme haben und sich dies in ihrem Handeln im Projekt erst nach und nach zeigt.

- Eignen Sie sich Grundkenntnisse über die Religionen Ihrer Teammitglieder an.

- Berücksichtigen Sie die Auswirkungen der Religionen (z.B. Feiertage, Fastenzeiten) bei der Planung Ihres Projekts.

- Klärung Sie vor der Organisation eines Teamevents, wer welche Speisen aus religiösen Gründen nicht isst und lassen Sie Menüs/Buffets zusammenstellen, mit denen sich alle identifizieren können.

- Sensibilisieren Sie Ihre Teammitglieder für ihre Vorurteile gegenüber Teammitgliedern aus anderen Kulturen.

- Thematisieren Sie kulturelle Unterschiede auf Teamevents.

- Analysieren Sie die virtuelle Galerie, das Projektblog und Forendiskussionen, um herauszufinden, wer sich mit welchen Tools identifiziert.

- Berücksichtigen Sie die unterschiedlichen Vorlieben für bestimmte Medien, Software und sonstige Arbeitsmittel.

- Beachten Sie, dass sich Ihre Teammitglieder je nach kultureller Prägung unterschiedlich bei Konflikten verhalten.

Wie Sie kulturelle Unterschiede effektiv nutzen

Um kulturelle Unterschiede in Ihrem Team effektiv nutzen zu können, ist es erforderlich, dass Ihre Firma von einer offenen Unternehmenskultur geprägt ist. Nur wenn jeder Mitarbeiter sich frei entfalten kann und es keine Diskriminierungen aufgrund von kulturellen Unterschieden gibt, wird Ihr Unternehmen mittel- und langfristig von der Vielfalt innerhalb der Belegschaft profitieren.

Das bedeutet, dass es kein Machtgefälle zwischen Mitarbeitern aus der Zentrale und den einzelnen Länderniederlassungen geben sollte.

Einführung von neuen Produkten und Dienstleistungen

In einem Projektteam sollten alle Ideen und Vorgehensweisen der Teammitglieder aus den einzelnen Länderniederlassungen als gleichwertig betrachtet werden. Zudem sollten Sie das spezifische Knowhow der lokalen Gegebenheiten vor Ort effektiv in den Projekten nutzen. Dadurch werden die Mitarbeiter zu Multiplikatoren für die entsprechenden Märkte. Das heißt: Teammitglieder aus ausländischen Märkten können viel Wissen rund um ihre Heimatmärkte in globale Teams transportieren. Dadurch können sich die Teamkollegen Knowhow zu diesen fremden Märkten aneignen. Diese länderspezifischen Marktkenntnisse sind insbesondere bei der Entwicklung von neuen Produkten und Dienstleistungen sowie bei deren Markteinführung von unschätzbarer Bedeutung.

Beispiel

 Yasmina Roth leitet ein globales Social-Media-Projekt für einen Konzern, dessen Zentrale in Frankfurt ist. Ihre Teammitglieder kommen aus vielen verschiedenen Ländern und haben profundes Knowhow im Hinblick auf die lokalen Märkte sowie auf die meistgenutzten Social Media und die spezifischen Zielgruppen in ihren Heimatländern. Nun soll auf globaler Ebene ein neues Produkt eingeführt werden. Yasmina Roth und ihr Team sind für die flankierenden Social-Media-Maßnahmen im Rahmen der Produkteinführung verantwortlich und erarbeiten gemeinsam eine Strategie. Es gibt zwar eine einheitliche Dachkampagne, jeder Social Media Manager macht jedoch lokale Anpassungen für seinen Markt und konzipiert spezifische Maßnahmen zur Produkteinführung in den jeweiligen TopFive Social Media seines Landes. Der italienische Social Media Manager hat auf der italienischen Facebook-Page seines Unternehmens dazu ein Gewinnspiel mit einer Verlosung durchgeführt, das sehr erfolgreich war. Nach der gelungenen Produkteinführung trifft sich das gesamte Team, um seine Erfahrungen auszutauschen. Die Teamkollegen aus Spanien finden das Gewinnspiel aus Italien sehr gut und wollen es in modifizierter Form für ihre lokale Facebook-Page übernehmen.

Im Beispiel kommt deutlich zum Ausdruck, wie sich Synergien in interkulturellen Teams nutzen lassen. Die Teammitglieder können Best Practices austauschen und lernen so voneinander. Es ist zwar oft nicht möglich, dass man eine Maßnahme unverändert in ein anderes Land überträgt, aber vielleicht lässt sich eine bestimmte Maßnahme im eigenen Land nach geringfügigen Modifikationen ebenfalls erfolgreich umsetzen.

Ideen- und Innovationsmanagement

Wenn Sie ein interkulturelles virtuelles Team führen, sollten Sie den Ideenreichtum, der durch die unterschiedlichen kulturellen Prägungen Ihrer Teammitglieder entsteht, unbedingt für das Innovationsmanagement in Ihrem Unternehmen – über Ihr eigentliches Projekt hinaus – nutzen.

In der Praxis haben sich in diesem Zusammenhang vor allem ein moderiertes projektbegleitendes Innovationsblog sowie ein Themenspeicher bewährt. Denn dadurch werden die innovativen Ideen nicht nur dokumentiert, sondern die anderen Teammitglieder können sie auch kommentieren und darüber diskutieren. Das hat Vorteile: Vielleicht hat ein Mitarbeiter eine vage Idee, ein anderer greift den Faden auf und entwickelt sie weiter und ein dritter macht einen konkreten Vorschlag zur Realisierung.

Dieser projektbegleitende Input von Mitarbeitern ist mindestens genau so wertvoll wie die Ergebnisse des Hauptprojekts. Zudem können sich alle Teammitglieder auf einer Art „Spielwiese" für neue Ideen und innovative Lösungen austoben. Wichtig ist dabei, dass wirklich alle Ideen erlaubt sind und dass es einen Moderator für die interaktive virtuelle „Spielwiese" gibt, der darauf achtet, dass die Netiquette eingehalten wird, und bei Bedarf eingreift.

Wie Sie interkulturelle Kompetenz aufbauen

Eine einheitliche Definition von interkultureller Kompetenz gibt es nicht. Sie ist der Oberbegriff für eine Vielzahl von einzelnen Kompetenzen. Eine Person wird z. B. als interkulturell kompetent bezeichnet, wenn sie in der Lage ist, konstruktiv mit Kollegen aus anderen Kulturen in einem virtuellen Team zusammenzuarbeiten. Sie sollten sich Ihrer eigenen kulturellen Prägung bewusst sein und sich intensiv mit anderen Kulturen auseinandersetzen. Dazu gehört es auch, die eigenen Normen und Werte zu überdenken.

Wie Sie Ihr Team fit für die interkulturelle Zusammenarbeit machen

Es gibt zahlreiche Möglichkeiten, wie Sie und Ihre Teammitglieder interkulturelle Kompetenz aufbauen können, z. B. durch

- interkulturelles Training und Coaching,
- interkulturelle Planspiele,
- Tandem-Partnerschaften,
- E-Learning-Module und

- private und berufliche Erfahrungen bei Reisen ins Ausland und als Expatriate.

Interkulturelles Training

Es gibt viele Arten von interkulturellen Trainings. Welche Trainingsart Sie wählen, hängt von diversen Rahmenbedingungen ab. Damit ein interkultureller Trainer die Maßnahme so zielgruppenadäquat wie möglich gestalten kann, sollten Sie ihm vorab ein ausführliches Briefing zukommen lassen. Es sollte u. a. die folgenden Punkte umfassen:

- Rahmenbedingungen in Ihrem Unternehmen, Unternehmenskultur (z. B. Angaben zum Führungsstil, Rolle der Zentrale und der Länderniederlassungen, Restrukturierung, Expansion, Outsourcing)

- kurze Beschreibung Ihres virtuellen Projekts (strategische und operative Ziele, Rahmenbedingungen, interne/externe Mitarbeiter, Hintergründe, z. B. Fusionen)

- Anzahl der Teammitglieder sowie Angaben zu deren Kulturen

- spezielle Herausforderungen in Ihrem Projekt

- Gibt es einen bestimmten Anlass für das Training (z. B. aktueller Konflikt, Schwierigkeiten in der Zusammenarbeit) oder ist das Training eine vorbeugende Maßnahme?

- Was soll mit dem Training erreicht werden?

- Gibt es Methoden, die besonders beliebt/unbeliebt sind?

- Welche Erwartungen haben die Teilnehmer an das interkulturelle Training?

- Soll eine kulturübergreifende interkulturelle Sensibilisierung stattfinden oder stehen bestimmte Kulturen im Vordergrund?

- Soll das Training auf die Inhaber bestimmter Rollen im Unternehmen zugeschnitten werden (z.B. auf Führungskräfte von interkulturellen virtuellen Projekt- oder Linienteams)?

- Welche branchen-, unternehmens- oder projektspezifischen Punkte müssen darüber hinaus im Training beachtet werden?

- Welche organisatorischen Rahmenbedingungen gibt es (z.B. Umfang des Trainings, Teilnehmerzahl, Ort, Budget)?

Nehmen Sie sich ausreichend Zeit für das Briefing und delegieren Sie diese Aufgabe nicht an die Personalabteilung. Denn Ihre Kollegen aus dem Bereich Human Resources haben oft nur oberflächliche Kenntnisse über die konkreten interkulturellen Herausforderungen in Ihrem Projekt und sind wahrscheinlich nicht in der Lage, alle relevanten Fragen des Trainers zu beantworten.

Interkulturelles Coaching

Als Alternative oder Ergänzung zum interkulturellen Training kommt das Coaching in Frage. Hierbei ist zu unterscheiden zwischen interkulturellem Einzel-Coaching und Team-Coaching. Im Gegensatz zum Training, das meist eine einmalige abgeschlossene Maßnahme außerhalb des Projekts ist, finden sowohl Einzel- als auch Team-Coachings meist projektbegleitend in mehreren Sitzungen statt. Der Coach geht dabei gezielt auf die aktuellen Geschehnisse im Projekt ein.

Interkulturelle Planspiele

Meist werden interkulturelle Planspiele ergänzend zu Training und Coaching eingesetzt. Die Teilnehmer bekommen bei einem solchen Planspiel eine Fallstudie aus dem Unternehmenskontext, die sie in einem bestimmten Zeitrahmen bearbeiten müssen. In der Regel werden Teams aus Mitgliedern unterschiedlicher Kulturen gebildet, die dann im Rahmen des Planspiels miteinander verhandeln müssen. Um das Ganze im Nachgang besser analysieren zu können, werden wichtige Phasen des Planspiels meist mit einer Videokamera aufgezeichnet und dann im Plenum besprochen.

Sonstige Methoden

Neben den oben vorgestellten Methoden, interkulturelle Kompetenz aufzubauen, gibt es noch folgende Möglichkeiten:

- interkulturelle E-Learning-Module verschiedener Beratungsunternehmen

- interkulturelle E-Tandems, z.B. im Rahmen von Sprachtandems: Zwei Teammitglieder unterstützen sich gegenseitig beim Erlernen der jeweils anderen Fremdsprache und beziehen in diesen Austausch interkulturelle Aspekte mit ein

- praktische Erfahrungen im In- und Ausland sowohl bei Reisen als auch als Expatriate

Wie Sie einen passenden interkulturellen Trainer und Coach auswählen

Da weder „interkultureller Trainer" noch „interkultureller Coach" in Deutschland geschützte Begriffe sind, ist es manchmal relativ schwierig, die Qualifikation eines interkulturellen Trainers und/oder Coachs zu beurteilen.

Checkliste: Auswahl interkultureller Trainer bzw. Coach

- Verfügt der Trainer/Coach über einen relevanten Abschluss im interkulturellen Bereich (z. B. Zertifikatsstudium an einer Universität)?

- Hat er eine Trainer- und/oder Coach-Ausbildung absolviert, die den Qualitätsstandards Ihres Unternehmens entspricht (verfügt er z. B. über eine Zertifizierung von ...)?

- Welche Praxiserfahrungen hat er im interkulturellen Bereich im Privat- und Geschäftsleben bisher gesammelt?

- Welche Auslandserfahrungen kann er vorweisen?

- Passt er zur Unternehmenskultur?

- Über welche Branchenkenntnisse verfügt er?

- Hat er bereits selbst als Teammitglied und Führungskraft eines interkulturellen virtuellen Teams gearbeitet?

- Welche Zusatzqualifikationen bringt er mit (z. B. BWL, Projektmanagement, Enterprise 2.0, Mediation, Konfliktmanagement)?

- Welche Methoden möchte er einsetzen? Sind diese adäquat für Ihr Team?

- Stimmt die Chemie? Passt der Trainer/Coach von der Persönlichkeit her zur Zielgruppe?

- Ist es sinnvoll, ein Trainer-Tandem (z.B. Mann, Frau; Kultur A, Kultur B; Trainingsschwerpunkt A, Trainingsschwerpunkt B) zu beauftragen?

- Welchen Mehrwert bringt das Training/Coaching von Trainer/Coach A gegenüber Trainer/Coach B und C?

- Wie empathisch ist er? Ist er in der Lage, sich in die konkrete Projektsituation hineinzuversetzen?

Auf einen Blick: Interkulturelle Zusammenarbeit

- Andere Länder – andere Sitten: Je internationaler ein Team zusammengesetzt ist, desto unterschiedlicher sind dessen Mitglieder, etwa hinsichtlich des Zeitverständnisses und des Arbeitsrhythmus.

- Multikulturelle Teams bringen dem Unternehmen viele Vorteile. Aufgrund ihrer Heterogenität erarbeiten sie oft innovativere Lösungen als monokulturelle Teams.

- Führungskräfte und Teammitglieder müssen in der Lage sein, konstruktiv mit Kollegen aus anderen Kulturen zusammenzuarbeiten. Diese Kompetenz lässt sich z.B. durch interkulturelle Trainings und Coachings aufbauen.

Buchempfehlungen

Bolten, Jürgen, Einführung in die Interkulturelle Wirtschaftskommunikation, Göttingen 2007.

Bolten, Jürgen, (Hrsg.), Interkulturelles Handeln in der Wirtschaft, Sternenfels 2004.

Bolten, Jürgen/Erhardt, Claus (Hrsg.), Interkulturelle Kommunikation, Sternenfels 2003.

Drath, Karsten, Überleben in SAP-Projekten, Freiburg/München 2010.

Gutjahr, Lothar/Nesgen, Christoph, Internationale Projekte leiten, Freiburg/München 2009.

Heidbrink, Marcus, Das Projektteam, Freiburg/München 2009.

Müller, Stefan/Gelbrich Katja, Interkulturelles Marketing, München 2004.

Niermeyer, Rainer, Teams führen, Freiburg/München 2011.

Schulz von Thun, Friedemann (Hrsg.), Miteinander reden: Kommunikationspsychologie für Führungskräfte, Hamburg 2011.

Stichwortverzeichnis

Impressum

Bibliografische Information der Deutschen Nationalbibliothek
Die Deutsche Nationalbibliothek verzeichnet diese Publikation in der Deutschen Natio-
nalbibliografie; detaillierte bibliografische Daten sind im Internet über
http://www.d-nb.de abrufbar.

Print: ISBN: 978-3-648-03560-3   Bestell-Nr.: 01353-0001
ePub: ISBN: 978-3-648-03561-0   Bestell-Nr.: 01353-0100
ePDF: ISBN: 978-3-648-03563-4   Bestell-Nr.: 01353-0150

Sonja App
Virtuelle Teams
1. Auflage 2013, Freiburg

© 2013, Haufe-Lexware GmbH & Co. KG, Munzinger Straße 9, 79111 Freiburg
Redaktionsanschrift: Fraunhoferstraße 5, 82152 Planegg/München
Telefon: (089) 895 17-0
Telefax: (089) 895 17-290
Internet: www.haufe.de
E-Mail: online@haufe.de
Redaktion: Jürgen Fischer

Konzeption, Realisation und Lektorat: Nicole Jähnichen, München
Satz: Beltz Bad Langensalza GmbH, 99947 Bad Langensalza
Umschlag: Kienle gestaltet, Stuttgart
Druck: freiburger graphische betriebe, 79108 Freiburg

Die Autorin

Sonja App

ist selbstständige Managementberaterin sowie zertifizierte interkulturelle Trainerin und Coach. Sie hat sich auf internationales Management und Marketing, Customer, Partner und Employee Relationship Management, Innovationsmanagement und Diversity Management sowie interkulturelles Training, Coaching und Consulting spezialisiert. Sie führt sowohl offene Seminare als auch Inhouse-Schulungen sowie Einzel- und Team-Coachings für Führungskräfte und Mitarbeiter von virtuellen Teams durch. Weitere Informationen finden Sie auf den Websites der Autorin: www.sonja-app.com und www.virtuelle-teams.com.

Die Autorin freut sich über Zuschriften zu diesem Taschen-Guide unter contact@sonja-app.com.

Zudem können Sie gerne Ihre aktuellen Fragestellungen zur Zusammenarbeit in interkulturellen virtuellen Teams in der von Sonja App moderierten XING-Gruppe, namens „: Mehr Erfolg durch Diversity", mit der Autorin und anderen Gruppenmitgliedern diskutieren und dort auch über Ihre eigenen Erfahrungen berichten: www.erfolg-durch-diversity.de

Haufe TaschenGuides
Kompakte Informationen zum kleinen Preis